县级综合气象业务职业技能竞赛培训手册

潘进军　主编

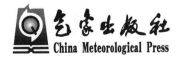
气象出版社
China Meteorological Press

内 容 简 介

本手册针对年轻竞赛选手业务能力有限、大赛经验不足等实际问题,结合《全国气象行业职业技能竞赛实施方案》,联系参赛选手的竞赛经验,运用通俗易懂的语言,图文并茂地为竞赛选手提供有价值的学习和参考。手册包含应急气象观测、装备技术保障、监测预警服务三大部分。手册详细分类汇总了历年竞赛的知识点和比赛误区,内容由浅入深,知识结构合理,业务框架科学,既可以提高竞赛选手培训效率,也可以实现不同业务之间的交流,既适合新选手学习了解大赛内容也适合老选手复习演练提升,是一本总结性的参考资料。

图书在版编目（ＣＩＰ）数据

县级综合气象业务职业技能竞赛培训手册 / 潘进军主编. -- 北京 : 气象出版社, 2022.6
　　ISBN 978-7-5029-7736-8

　　Ⅰ. ①县… Ⅱ. ①潘… Ⅲ. ①县－气象服务－职业技能－竞赛－手册 Ⅳ. ①P451-62

中国版本图书馆CIP数据核字(2022)第101072号

县级综合气象业务职业技能竞赛培训手册
Xianji Zonghe Qixiang Yewu Zhiye Jineng Jingsai Peixun Shouce

出版发行：气象出版社

地　　　址：北京市海淀区中关村南大街 46 号　　　　邮政编码：100081
电　　　话：010-68407112(总编室)　010-68408042(发行部)
网　　　址：http://www.qxcbs.com　　　　E-mail： qxcbs@cma.gov.cn
责任编辑：王　迪　　　　　　　　　　　　终　审：吴晓鹏
责任校对：张硕杰　　　　　　　　　　　　责任技编：赵相宁
封面设计：艺点设计
印　　　刷：三河市君旺印务有限公司
开　　　本：787 mm×1092 mm　1/16　　　　印　张：14.25
字　　　数：368 千字　　　　　　　　　　彩　插：6
版　　　次：2022 年 6 月第 1 版　　　　　　印　次：2022 年 6 月第 1 次印刷
定　　　价：75.00 元

编写组

主　　编：潘进军

成　　员：段森瑞　　邱海芝　　薛斌彬　　孙淑荣

　　　　　李雨竹　　姜佳秀　　包立红　　史国庆

　　　　　李柏荟　　刘兴丽　　张秀红　　高　月

　　　　　于凯旋　　刘衍辰

序 言

2022年4月28日,国务院印发了《气象高质量发展纲要(2022—2035年)》,在"加强气象基础能力建设"中明确提出,要建设精密气象监测系统、构建精准气象预报系统、发展精细气象服务系统、打造气象信息支撑系统。中国气象局始终坚持以监测精密为导向,围绕气象防灾减灾和现代气象业务需求,优化业务布局,改进观测手段,已基本建成由近7万个地面自动气象站、236部天气雷达、7颗风云气象卫星等组成的地—空—天立体综合气象观测系统。

其中,10930个以地面气象观测为主的国家级气象观测站站点,分布在各县(市、区),承担着地面气象观测资料的收集、传输和入库工作,为天气预报、气象信息分析、气候预测、科学研究和气象服务提供重要依据。随着我国地面气象观测全面自动化的实现,气象观测业务管理与国际水平全面接轨的同时,对加快地面气象观测人才向综合型业务人才快速转型提出了更高的要求。

中国气象局为推动气象高质量发展,加快实施人才强国战略,弘扬劳模精神和工匠精神,营造爱岗敬业、勤学苦练业务知识和技能的工作学习氛围,切实提升县级综合业务人员素质和技能,推陈出新,与时俱进,牵头举办了"全国气象行业职业技能竞赛"。该项赛事已发展成为气象行业中规模最大、规格最高的职业技能大赛,成为全国气象行业人员交流技能、促进创新的重要平台。"全国气象行业职业技能竞赛"的发展与延续,已成为各级气象单位发现、选拔、培养县级综合气象拔尖人才的重要手段。

聚人才,兴事业。县级综合业务是气象高质量发展的重要基础,是提升气象观测现代化水平的重要目标。《县级综合气象业务职业技能竞赛培训手册》一书针对县级综合业务人员编写,内容涵盖应急气象观测、装备技术保障、监测预警服务三大项竞赛内容,希望本书的出版,能为综合业务人才培养、推进高水平气象人才队伍建设、促进气象高质量发展、加快建设气象强国贡献一份智慧和力量。

高玉中

2022年5月

前　言

为全面提高基层台站综合气象业务人员应急观测能力,落实黑龙江省气象局高质量发展工作部署,聚焦建设"学习型、技能型、创新型"行业队伍,充分发挥职业技能竞赛引领带动作用,营造爱岗敬业、勤学苦练业务知识和技能的工作学习氛围,继续培养和发掘综合能力强的多面手,最终实现以竞赛成果带动业务质量和服务能力的提升,推动全省综合观测业务提质增效的目标,黑龙江省气象局组织编写了这部《县级综合气象业务职业技能竞赛手册》(简称《手册》)。

《手册》针对我省竞赛选手业务能力有限,大赛经验不足等实际问题,结合"全国气象行业职业技能竞赛实施方案",联系参赛选手的竞赛经验,运用通俗易懂的语言,图文并茂地为参赛选手提供有价值的学习和参考。全书的知识结构和业务框架既可以提高竞赛选手培训复习效率,也可以实现不同业务之间的交流,既适应新选手学习了解大赛内容也适应老选手复习演练提升。《手册》详细分类汇总了历年竞赛的知识点和比赛误区,是一本总结性的参考资料。《手册》共分三部分,包含三大项竞赛内容。第一部分应急气象观测,由邱海芝、段森瑞、薛斌彬、孙淑荣编写;第二部分装备技术保障,由李雨竹、薛斌彬、段森瑞、姜佳秀编写;第三部分监测预警服务,由包立红、史国庆、孙淑荣、邱海芝编写。本书最后由潘进军审定。

在本手册的编写过程中,得到了各位专家及同行的大力支持,感谢他们为本书提出了十分有价值的意见和建议。同时,感谢北京华云东方探测技术有限公司、江苏无线电科学研究所有限公司等设备厂家对本手册提供的资料参考,在此表示衷心的感谢!

由于本书内容面广、编写成员大赛经验不足,书中难免会有不尽人意之处,欢迎广大读者批评指正。

编写组

2021 年 7 月

目　录

第一部分　应急气象观测

第 1 章　软件安装及操作

1.1　硬件配置

业务计算机建议配置要求如表 1.1 所示。

表 1.1　计算机建议配置

计算机建议配置	
处理器	主频 2.4 G 及以上
内存	8 G 及以上
硬盘	160 G 及以上
操作系统	操作系统 64 位 Win7、Win10 专业版、旗舰版及以上
其他说明	建议选用商务计算机,品牌不限 硬盘分区不少于 2 个 操作系统禁用 GHOST 版 建议安装最新的系统补丁 安装正版杀毒软件

操作设置:更改计算机"电源选项"的"编辑计划设置",将"计算机睡眠状态"设置为"从不";更改"用户账户",设置通知信息为"从不通知";取消计算机系统自动更新通知。

1.2　程序安装

ISOS 运行需安装如下程序:

AccessDatabaseEngine 组件;

WindowsInstaller3_1;

Microsoft. NET Framework4. 0(dotNetFx40_Full_x86_x64)或以上版本。

1.2.1　Microsoft. NET Framework4. 0

检查业务计算机的 . net Framework 运行环境,安装 Microsoft. NET Framework4. 0 或以上版本,注意区分 32 位或 64 位计算机系统。运行"dotNetFx40_Full_x86_x64",按照提示进行安装。

1.2.2 ISOS 软件安装（以 ISOS Ver3.0.3.508 为例）

1.2.2.1 参数导出备份

通过 ISOS 相关参数设置界面的"导出"功能，导出"自动项目挂接设置""台站参数""自定项目参数""分钟极值参数"和"小时极值参数""设备管理"记录（设备标定、设备维护、设备停用、辐射表加盖）等参数。分别采用导出 .xml、.txt、.csv 文件的方式进行备份，如表 1.2 所示。

表 1.2 导出参数文件类型

参数	导出文件类型
"自动项目挂接设置"	.xml
"台站参数"	.xml
"自定项目参数"	.xml
"分钟极值参数"	.txt
"小时极值参数"	.txt
"设备管理"（含设备标定、设备维护、设备停用、辐射表加盖）	.csv

1.2.2.2 参数文件备份

若之前运行 ISOS 业务软件，则先将业务计算机 ISOS 参数进行备份。

（1）报警参数和"要素显示"配置参数

"…\ISOS\metadata\baojing.xml"（报警参数）；

"…\ISOS\metadata\config.xml"（"要素显示"配置参数）。

（2）辐射站备份辐射仪器参数和辐射审核规则库

"…\ISOS\bin\Config\RadiationParameter.xml"（辐射仪器参数）；

"…\Config\RuleBase\RadiationRule.xml"（辐射审核规则库参数）。

（3）酸雨站备份酸雨仪器参数

"…\ISOS\bin\Config\AcidRainParameter.xml"。

（4）基准辐射站备份基准辐射仪器参数

"…\ISOS\bin\Config\BaseRadiationParameter.xml"。

（5）计量信息参数配置文件

"…\ISOS\bin\Config\InformationOfEquipment.xml"。

（6）降水现象综合判识参数

"…\ISOS\dataset\省份\IIiii\QC.loc"。

1.2.2.3 软件安装

明确软件安装要求，遵照操作流程按顺序完成安装，禁止跨步骤安装。

（1）安装目录避免安装在系统盘，若为升级软件，需保证安全路径和原软件路径一致；

（2）输入准确的省份、台站区站号（此项在安装成功后不可更改）；

（3）所有软件（含升级软件）安装完毕后，依次将"…\dataset\省份\IIiii\AWS\"目录下的观测数据文件夹以及 DataBase、Config、Awsnet、metadata 文件夹拷贝到计算机中，确保数据

完整,再运行地面综合观测业务软件;

（4）按照软件提示依次进行"自动项目挂接设置""台站参数""自定项目参数""分钟极值参数"和"小时极值参数"的导入设置（也可以暂时不进行参数导入,待后续打开"参数设置"项,完成相应参数设置）。导入台站参数后,按照台站实际情况检查各项参数设置,修改后注意保存。

①自动项目挂接设置

按实际情况选择相应挂接项目。"地面观测主机""新型自动站"为必须挂接项目,在安装自动观测能见度传感器时还应勾选"视程障碍判别"。

在选择项目挂接时注意区分"风向风速传感器"高度（风向风速传感器－1.5 m 风速风向传感器）、"翻斗式雨量传感器"规格（0.1～0.5 mm）、"翻斗雨量传感器－称重式降水传感器"挂接使用时间、"地温－气温传感器"类型（气温传感器－通风防辐射气温传感器、红外地温传感器－地表温度）、能见度传感器类型（新型站能见度－独立分采能见度）。

辐射一级站:勾选"辐射""辐射观测传感器""总辐射表""反射辐射表""直接辐射表""散射辐射表""净辐射表""大气长波辐射表""地面长波辐射表"等所对应单元格的挂接选项。

辐射二级站:勾选"辐射""辐射观测传感器""总辐射表""反射辐射表""净辐射表""大气长波辐射表""地面长波辐射表"所对应单元格的挂接选项。

辐射三级站:勾选"辐射""辐射观测传感器""总辐射表"所对应单元格的挂接选项。

②台站参数设置（图 1.1）

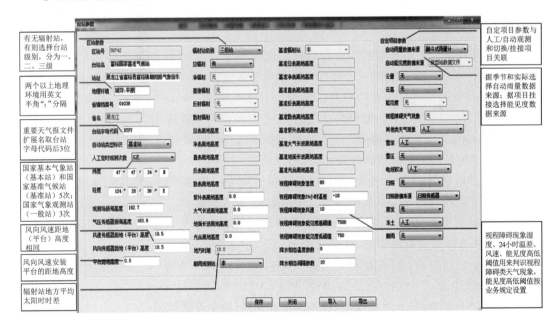

图 1.1　台站参数设置

"区站号"和"省名"为灰显,不能进行修改。

"台站名":为台站的全称,该栏只能输入中文、字母、数字、下划线等,最多 25 个汉字。

"站址":为台站所在详细地址,只能输入中文、字母、数字、下划线等,最多 100 个汉字。

"地理环境":填写台站所处地理环境描述,遇有两个或以上地理环境描述,用英文半角";"分隔,如:"郊区;山顶"。

"省编档案号"：由 5 位数字组成。

"台站字母代码"：由 4 位大写的英文字母组成，每个台站的字母代码都是唯一的，重要天气报文件扩展名取台站字母代码后 3 位。

"自动站类型标识"：根据台站类别，选择"基准站""基本站"或"一般站"。

"人工定时观测次数"：基准站（国家基准气候站）和基本站（国家基本气象站）选择 5 次，一般站（国家气象观测站）选择 3 次。

"观测场海拔高度""气压传感器海拔高度""风速传感器距地高度""风向传感器距地高度""平台距地高度""各辐射表距地高度"均以米（m）为单位，保留 1 位小数，其中"风速传感器高度"和"风向传感器高度"应相同，"平台距地高度"是指风向风速安装平台的距地高度，如：风向风速传感器安装在观测场内，则"平台距地高度"为 0。

"辐射站级别"：默认为灰显，只有当"观测项目挂接设置"中勾选了"辐射"之后才可以进行设置。例如：选择"二级站"，则"总辐射""净辐射"会开放选择，"总表离地高度""净表离地高度"也会开放录入。

"地方时差"：根据台站经度计算得到，此处为灰显。在完成辐射项目挂接后，通过"采集器通信监控操作命令"或"维护终端"功能，将台站经度和地方时差写入采集器。

"酸雨观测站"：根据台站是否有酸雨观测任务选择"是"或"非"。

"基准辐射站"：根据台站是否有基准辐射观测任务选择"是"或"非"。

"视程障碍现象湿度"：为自动判别轻雾和霾的相对湿度阈值，默认值为"80"，可根据台站实际情况进行合理设置。

"视程障碍现象 24 小时温差"：为自动判别发生浮尘现象的 24 h 温差参考值，以℃为单位，保留 1 位小数，软件默认值为"−10"，一般保留默认值。

"视程障碍现象风速"：为自动判别扬沙和沙尘暴现象的 2 min 平均风速参考值，以米/秒（m/s）为单位，保留 1 位小数。软件默认值为"10"，一般保留默认值。

"视程障碍现象能见度高阈值"：为自动判别扬沙、浮尘、轻雾和霾的自动观测。

视程障碍类天气现象的判识经验算法：

a. 轻雾自动判识：无降水现象、能见度低阈值≤10 min 滑动平均能见度＜能见度高阈值、10 min 滑动平均相对湿度≥视程障碍现象湿度时，判识为轻雾。

b. 雾自动判识：无降水现象、10 min 滑动平均能见度＜能见度低阈值、10 min 滑动平均相对湿度≥视程障碍现象湿度时，判识为雾。

c. 沙尘暴自动判识：无降水现象、风速≥风速阈值、10 min 滑动平均能见度＜能见度低阈值时，判识为沙尘暴。

d. 扬沙的自动判识：无降水现象、风速≥风速阈值、能见度低阈值≤10 min 滑动平均能见度＜能见度高阈值时，判识为扬沙。

e. 浮尘自动判识：无降水现象、风速＜风速阈值、10 min 滑动平均能见度＜能见度高阈值、10 min 滑动平均相对湿度＜视程障碍现象湿度时，24 h 降温≥24 h 温差设定时，判识为浮尘。

f. 霾自动判识：无降水现象、风速＜风速阈值、10 min 滑动平均能见度＜能见度高阈值、10 min 滑动平均相对湿度＜视程障碍现象湿度时，判识为霾。

"降水相态温度参数"：是降水相态变化的参考值，默认值为"0"。

"降水相态间隔参数":默认值为"10",一般保留默认值。

"自定项目参数":根据台站需要进行相应设置。通常情况下已实现自动观测的项目选择"无"。项目平行观测第一年,自定项目参数通常选择"人工"。

"自动雨量数据来源":应根据规定和业务需要选择,如:黑龙江省冬季观测时(10月1日至次年4月30日)切换为"称重式雨量计"。

"自动能见度数据来源":与项目挂接相统一,如挂接新型站能见度,则此处为"新型站数据文件"。

台站经纬度、观测场海拔高度、气压传感器海拔高度按要求设置正确。

按本省要求完成"雪压"选项设置。

为确保地面小时 BUFR 格式文件中"电线积冰"编码正确,有电线积冰观测任务的台站,"电线积冰"选项设置为"人工";无电线积冰观测任务的台站,将"电线积冰"选项设置为"无"。

项目挂接后需复查台站参数,确保参数准确无误。

以上各项参数均不输入单位。

③自定项目参数设置

根据台站实际设置"辐射仪器参数""辐射审核规则库""酸雨参数""酸雨仪器参数""基准辐射参数"(图1.2)。

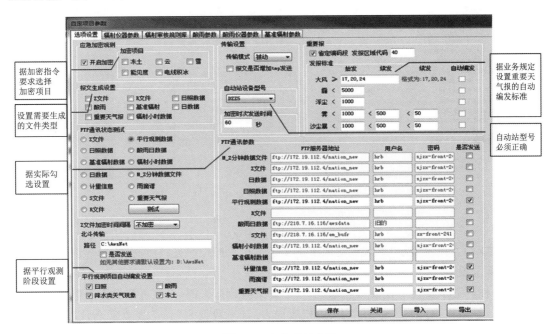

图 1.2 自定项目参数

"应急加密观测":在启用应急加密项目时勾选相应项目,应急结束时取消勾选。

"报文生成设置":设置需要生成的文件类型,在编发应急重要天气报时此处须勾选。否则无法编发重要天气报。

"平行观测项目自动编发设置":依据业务内容实际运行情况,选择是否勾选。

"自动站设备型号":必须根据本站自动气象站型号对应设置,否则将影响 XML 文件编发

（注：不同厂家对观测设备的温度、电压等状态判断阈值不同。不设置"自动站设备型号"，点击"保存"按钮将弹出错误提示框）。

"北斗传输"：有北斗传输任务的台站，"北斗传输"路径设置以"AwsNet"文件夹根目录为准（如 D:\AwsNet），并勾选"是否发送"复选框。ISOS 软件会将地面分钟（小时）BUFR 数据文件、辐射分钟（小时）BUFR 数据文件、酸雨日数据 BUFR 文件、状态信息及台站元数据 XML 文件、雨滴谱 BUFR 文件、视频智能观测小时数据 BUFR 文件实时存放到 D:\AwsNet 通过北斗传输功能上传。

"辐射审核规则库"：通过设置界面的"导入"按钮（可根据实情选择导入文件类型" * .xml"或" * .mdb"），完成相关参数导入；辐射一级站、二级站还需完善"大气长波辐射"和"地面长波辐射"等极值参数。

④分钟极值参数设置

导入数据源可以是 OSSMO 的参数库文件 SysLib.mdb，也可以是 ISOS 软件备份导出的极值参数文件（ * .txt）。从 SysLib.mdb 中导入时，必须确保审核规则库中有本站的气候极值参数。导入成功后，弹窗提示"导入成功记录 86 条"。

当观测数据报警提示超出气候极值范围时，此处修改适当的相应气候极值，修改时可以选择单元格数据修改，也可以"整行修改"，数值间用半角" , "间隔（图 1.3）。

图 1.3　分钟极值参数

⑤小时极值参数设置

导入成功后，弹窗提示"导入成功记录 114 条"，相关操作参见"分钟极值参数设置"。

（5）"系统设置"界面设置

"首页控件显示要素所在数据表"显示气象要素值数据来源，可供选择数据表包括：常规要素每日逐分钟数据（分为：设备数据表、质控数据表、订正数据表）和常规要素全月逐日每小时数据（分为：设备数据表、质控数据表、订正数据表）。"首页控件显示要素所在数据表"按需选取，"实时观测菜单显示设备个数"为 0（表示不限制个数），"首页综合判别结果数据表"选择"天气现象综合判断每日逐分钟数据表"（图 1.4）。

（6）其他设置及检查

安装完毕后运行软件，查看"帮助"菜单，检查版本号是否正确。

退出 ISOS 软件，将备份的参数拷入相应位置，备份参数包括：

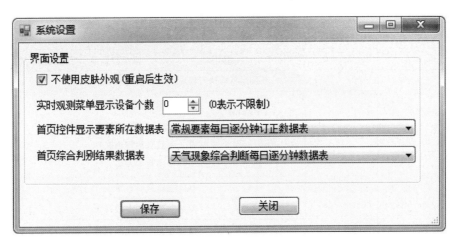

图 1.4　系统设置界面

①报警参数和"要素显示"配置参数；

②辐射站备份辐射仪器参数和辐射审核规则库；

③酸雨站备份酸雨仪器参数；

④基准辐射站备份基准辐射仪器参数；

⑤计量信息参数配置文件；

⑥降水现象综合判识参数；

利用参数截图或现行业务规定,检查设置项目挂接树状图中已挂接项目的"通信参数(9600 N 8 1)",检查设置"参数设置"菜单下"降水现象综合判识参数"。

1.3　软件操作

软件主界面由主菜单栏、台站观测项目挂接树状图、功能操作界面三部分组成。主菜单栏包括"实时观测""自定观测项目""查询与处理""设备管理""参数设置""计量信息"和"帮助"7 个菜单项,台站观测项目挂接树状图展开后可查看挂接设备的工作状态,功能操作界面包括"首页""质控警告""报警信息""要素显示""实时观测"和"测报通信与监控"6 个标签页。

ISOS 软件根据功能需求进行总体设计,将参数文件、程序文件、数据文件和数据库文件等存放在不同文件夹,ISOS 软件结构见表 1.3。

1.3.1　台站观测项目挂接树状图

项目挂接树状图位于软件主界面的左部,显示挂接的新型自动站、地面综合观测主机、视程障碍判别和其他分采传感器,如降水现象仪、日照等。

鼠标右键点击已挂接的新型自动站、云、天气现象和辐射等项目,即可弹出级联菜单,打开对话框,进行有关功能设置。

表 1.3　ISOS 软件结构

文件夹名称	内容			备注
···\backup	Config. xml. YYYYMMDDHHMMSS			系统界面显示配置文件存档
\文件夹 ···\bin	系统运行的执行程序以及基础动态库存放目录			
	Awsnet	YYYYMM		地面气象要素数据文件、重要天气报、分钟文件等存放目录
		frozensoil		冻土平行观测整编文件
		Fail		发送失败报文存放目录
		Temp		报文发送临时目录
		Reports		报表数据文件存放目录
		weather		降水现象平行观测软件生成的月整编文件和降水现象分钟数据 Zip 格式上传文件存放目录
	Send	Data		地面(辐射、酸雨)BUFR 格式文件,运行状态和设备信息、台站元数据 XML 文件存放目录
		sendbak		上传成功的 BUFR 文件、状态文件备份目录
		Unknown		接口无法识别的文件存放目录
		YDP		雨滴谱 BUFR 格式数据文件存放目录
	Config			报文发送配置文件、辐射审核规则库、辐射仪器参数、酸雨仪器参数存放目录
	log			日志存放目录
	Message	Fail		发送失败源数据文件存放目录
		Temp		源数据文件发送临时目录
	台站地面综合观测业务软件 . exe			ISOS 软件执行文件
	AWSSSendClientMon. exe			消息中间件流数据上传客户端
	*.dll			软件运行所需基础动态库存放目录
···\dataset\ 省份\Iiiii\	AWS	baseradiation	设备	基准辐射要素原始采集数据和状态数据
			质控	经质控后基准辐射要素采集数据
			订正	经订正后的基准辐射要素数据
			上传	实时上传的基准辐射数据和状态数据
		cloud	设备	云要素原始采集数据、状态数据
			质控	经质控后的云要素数据
			订正	经订正后的云要素数据
		radiation	设备	辐射要素原始采集数据、状态数据
			质控	经质控后的辐射数据
			订正	经订正后的辐射数据
		sunlight	设备	日照要素原始采集数据、状态数据
			质控	经质控后的日照数据
			订正	经订正后的日照数据

续表

文件夹名称	内容			备注
\文件夹	AWS	Visibility	设备	能见度要素原始采集数据、状态数据
...\dataset\省份\IIiii\			质控	经质控后的能见度数据
			订正	经订正后的能见度数据
		weather	雨滴谱	雨滴谱数据
			设备	天气现象要素原始采集数据、状态数据
			质控	经质控后的天气现象数据
			订正	经订正后的天气现象数据
		frozensoil	设备	冻土要素原始采集数据、状态数据
			质控	经质控后的冻土数据
			订正	经订正后的冻土数据
		天气现象综合判断		视程障碍现象综合判断数据
		新型自动站	设备	新型自动站常规气象要素原始采集数据、状态数据
			质控	经质控后的常规气象要素数据
			订正	经订正后的常规气象要素数据
		AWS.dev		设备、任务流程定义脚本
		AWS.lib		数据表定义配置文件
		AWS.script		校时、采集入库、补调脚本
	AWS_PC	主机/状态		主机状态数据
		AWS_PC.dev		主机状态数据采集任务流程配置文件
		AWS_PC.lib		主机状态数据数据表定义
		AWS_PC.script		主机状态数据采集入库脚本
	AWS_RAW_设备名			系统与各类挂接设备的实时交互记录
	DataBase			AWZ.db 和 AWZYYYYMM.db 数据库文件存放目录
	补调计划			存放软件自动或者人工手动生成的观测数据、状态数据的补调计划
	观测员排班			观测员排班计划脚本
	历史计划			历史数据下载计划脚本;软件执行的日志备份
	smo.loc			保存台站参数、人工录入参数、酸雨参数、质控参数以及分钟、小时历史气候极值等
...\dataset\...\	smo.type			数据类型定义配置文件
...\log				保存系统运行的日志
...\metadata				存放系统运行参数,包括显示参数、设备挂接参数、报警参数、界面配置参数等
...\netlog				流数据传输日志
...\outlog				流数据发送日志
...\Skins				系统界面主题存放路径
...\IIiii.prj				程序运行时的工程文件,若缺少该文件,软件启动时会提示"没有定义台站,系统无法运行"

	文件夹名称	内容	备注
程序集	...\plugin	AWS3GCom. dll	云、能、天以及辐射等设备的串口通讯
		AWS3GHZ_Deposit. dll	云、能、天以及辐射等设备的小时数据采集
		AWS3GMZ_Deposit. dll	云、能、天以及辐射等设备的分钟数据采集
		AWSYNTCOM. dll	云、能、天以及辐射等设备的串口解析
		AWS3GYDP_Deposit. dll	雨滴谱谱图数据采集
		AWSBR_File. dll	基准辐射文件合成
		AWSHBR_Copy. dll	基准辐射小时要素数据采集
		AWSCMD. dll	命令通道
		AWSHZ_Compose. dll	新型站小时数据复制到质控表
		AWSMZ_Compose. dll	新型站分钟数据复制到质控表
		AWSCom. dll	新型站数据的串口通讯
		AWSHZ_Copy. dll	新型站小时数据复制
		AWSMZ_Copy. dll	新型站分钟数据复制
		AWSHZ_Deposit. dll	新型站小时数据采集
		AWSMZ_Deposit. dll	新型站分钟数据采集
		AWSHZ_QC. dll	新型自动站小时数据质控
		AWSMZ_QC. dll	新型自动站分钟数据质控
		AWSMZ_TQXX. dll	视程障碍综合判断算法
		AWSMZST_Deposit. dll	设备状态存储
		AWSNACheck. dll	数据格式以及缺测检查
		AWSPCState. dll	业务计算机环境检查
		QCProcessor. dll	质量控制算法库
		SMOCron. dll	公共数据处理基础库

通常设置的项目有：通信参数、采集器监控操作命令（日期、时间、区站 ID、观测站经度、观测站纬度、地方时差、观测场海拔高度、气压传感器海拔高度）以及新型站采集器报警阈值等，如图 1.5－图 1.7 所示。

部分功能简介：

(1)选择"使用模拟数据"功能，可以进行模拟采集数据（在业务竞赛中常作为模拟采集数据运行使用）。

(2)"标定""维护""停用""加盖(雨、沙尘暴)"与主菜单"设备管理"相应功能关联，可以选择传感器进行维护等有关操作。

(3)"通信参数"功能依据业务规定对采集器进行通信参数设置，其中"通信端口""波特率""数据位"等直接影响采集器的通信状态，在安装或升级软件后务必对该界面进行检查，保证设置正确。

(4)"采集器监控操作命令"对采集器进行相关事项查看、修改和写入。如图 1.8 所示。

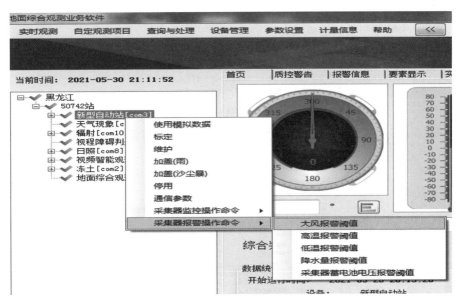

图 1.5　报警设置

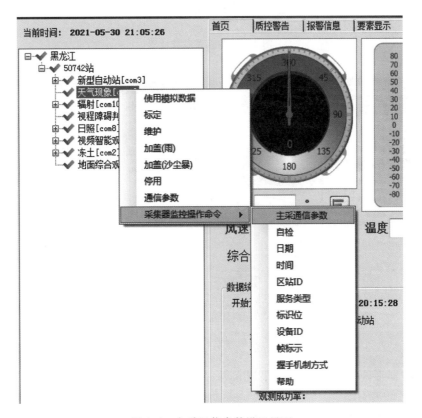

图 1.6　主采通信参数设置界面

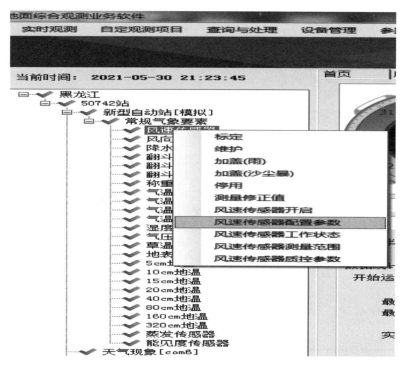

图 1.7　传感器参数设置

图 1.8　采集器监控－主采通信参数

（5）"采集器报警操作命令"对采集器大风、高温、低温、降水量、蓄电池电压的报警阈值进行设置，如图 1.9 所示。

（6）"下载到采集器"选项是指用主机信息修改采集器信息，"备份到主机"选项是指以采集器信息修改主机信息。

（7）进行常规气象要素传感器有关维护、标定、开启、配置、质控等信息检查和修改。如图 1.10 所示。

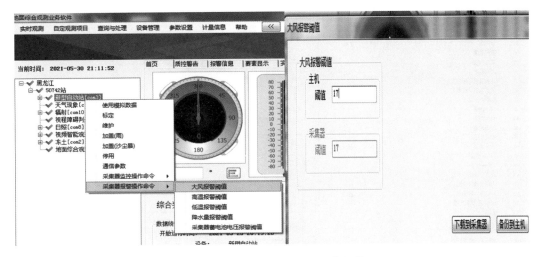

图 1.9　采集器报警－大风阈值报警

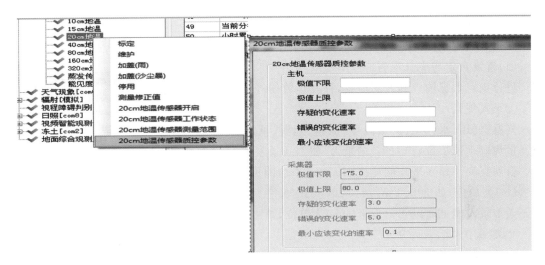

图 1.10　传感器质控参数

（8）"通信参数""采集器通信操作命令""采集器报警操作命令"等操作功能可同时在菜单栏"设备管理"—"操作终端"界面通过命令进行更改。

1.3.2　菜单操作

1.3.2.1　实时观测

进入"实时观测"界面可查询自动挂接项目的每日逐分钟或全月逐日每小时的数据－质控数据－订正数据，可以快速查找文件所在目录并打开分钟或小时文件，方便进行数据查询分析处理。如图 1.11 所示。

注意事项："----"表示没有挂接传感器，无数据；"////"表示观测数据缺失。

1.3.2.2　自定观测项目

"自定观测项目"是人机交互的主要菜单，包括"省级自定与应急观测""日照数据编报""辐

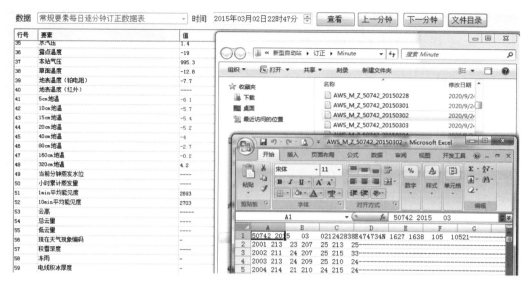

图 1.11　实时观测

射"和"重要天气报"菜单(图 1.12)。

(1)省级自定与应急观测

进行正点数据输入和人工质控,补发日数据等操作(图 1.13)。

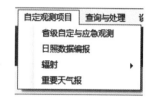

图 1.12　自定观测项目

①录入规则

气温、气压、水汽压、露点温度、风速、地温、草温、降水量、小时蒸发量均取 1 位小数,扩大 10 倍录入,如 1.0 录入 10;

自动观测 1 min 平均能见度、10 min 平均能见度、最小能见度以米(m)为单位,如 20000 m,录入 20000;

人工录入能见度以 0.1 千米(km)为单位,第二位小数舍去,扩大 10 倍录入,不足 0.1 km 录入 0,如 9.0 km,录入 90;

雨凇－雾凇直径－厚度、冰雹直径以毫米(mm)为单位,如 27 mm,录入 27;

冰雹重量以克(g)为单位,如 2 g,录入 2;

雪深以 0.1 厘米(cm)为单位,四舍五入扩大十倍录入,如 2.3 cm,录入 20;

冻土以厘米(cm)为单位,如 130 cm,录入 130;

电线积冰重量以克/米(g/m)为单位,如 2 g/m,录入 2;

风向以度(°)为单位,取整数;

所有项目不输入数值时,用"－"表示缺测。

小时最高—最低值、最大—极大值以及最小值出现时间挑取时段内(01—00 分)极值第一次出现的时间。

②气象要素的算法

气压、气温、相对湿度、地温、草温、冻土、雪深(自动)为 1 min 平均值;

蒸发量、降水量为每分钟或每小时累计值;

瞬时风速是指 3 s 平均风速;

2 min 风速是 2 min 平均风速;

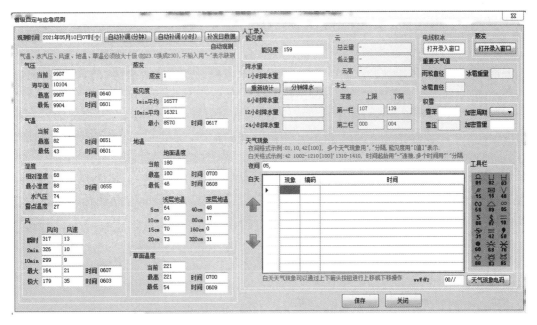

图 1.13　省级自定与应急观测界面

10 min 风速是 10 min 滑动平均值,最大风速是时段内出现的滑动 10 min 平均风速最大值,极大风速是时段内最大瞬时风速值;

1 min 平均能见度值是 1 min 采样数据的算术平均值;

10 min 平均能见度值是在 1 min 平均能见度值基础上的 10 min 滑动平均,每分钟滑动更新一次;

小时最小能见度是指小时内 10 min 平均能见度的最小值;

人工录入能见度(定时能见度)是 15 min(46—00 分)内正常的 10 min 平均能见度记录中挑取最小值,按照去尾法以 0.1 km 为单位录入到"能见度"栏,替代人工观测的水平有效能见度;

正点能见度是每小时正点 00 分的 10 min 平均能见度;

10 min 滑动能见度(综判能见度)是指当前分钟前 10 min 内的 10 min 平均能见度的滑动平均值,如 55 分的"10 分钟滑动能见度"是指 46—55 分这 10 min 的"10 分钟平均能见度值"的滑动平均值;

视程障碍现象最小能见度即是综判能见度,是时段内实有正常综判能见度记录最小值。

③注意事项

发现异常记录时进行质控检查,人工质控时应全面检查所有数据,重点关注降水现象和降水量,避免出现有降水量无降水现象的情况,检查天气现象记录是否正常,天气现象代码是否正确,降水期间是否误记录视程障碍现象以及小时蒸发量情况等,明显错误时要进行人工质量控制,需要反查时,要及时纠正。

翻斗雨量传感器故障时,要及时切换称重雨量数据源进行数据补调,也可以应用"综合查询"功能查询故障小时内的称重分钟降水量,进行"分钟降水"界面人工录入;需要用人工降水量替代时,原则先将故障时段的"分钟降水"数据缺测处理,然后输入替代的小时总量。

因降水数据异常，当修改"分钟降水"时，软件将自动统计该正点时次过去 1 h—6 h—12 h—24 h 降水量；处理异常降水记录时，需一并处理降水对后续正点数据所带来的错误影响，质控逐小时的降水记录至无影响的时次。

开展雪深观测或降雪加密观测时，出现微量降水需在加密雪量处录入"0"，发报时间根据加密指令确定（黑龙江省发报时间是 06：00、07：00、08：00、11：00、14：00、17：00、20：00）。"加密周期"选取为当前观测时次距离上次定时（或应急观测时次）的时间差；非加密时雪深观测时间是 08：00、14：00、20：00（如 08：00 未达到测定雪深的标准，之后因降雪达到测定标准的，在 14：00 或 20：00 补测）。降雪加密时次应人工确认连续天气现象和天气现象代码正确。

冻土在 08：00 观测和录入，当有两个或以上冻结层时，测定每个冻结层的上、下限深度，按照由下自上的层次顺序录入；冻结层的下限深度超出最大刻度范围时，在最大刻度数字上加 500 录入，如 150 录入 650，第三栏以后的冻土层记在纪要栏。

出现冰雹时，08：00 需录入过去 12 h 内最大冰雹的最大直径和最大平均重量，14：00、20：00 需录入过去 6 h 内最大冰雹的最大直径和最大平均重量（最大冰雹最大直径大于 10 mm 时需测量最大平均重量）；夜间能判断出现过冰雹，记录冰雹符号，出现冰雹但未观测时，08：00 冰雹直径按缺测处理。

有电线积冰任务的台站，电线结冰录入窗口在 20：00 开放，在"现象符号"栏选择"雨凇""雾凇"或"雨凇雾凇"。输入电线积冰记录时要按南北（东西）方向记录，输入此次过程中测得的最大直径和厚度以及气温、风向和风速（2 min 平均）。在积冰崩塌前测得本次积冰过程中最大直径达到标准时，还应测得最大重量（以 g/m 为单位取整数）；若电线积冰为单纯的雾凇所致，测得直径达 38 mm 需测相应重量值；若雨凇、湿雪冻结物或包括雾凇在内的混合积冰达到 31 mm，需测相应重量值（电缆直径为 26.8 mm）；测量积冰直径与厚度时，厚度一般小于直径，最多与直径相等。若一天内进行了两次测量（不论是一次积冰过程还是两次过程），应将第二次记录按照电线积冰栏的格式记入该日备注。

蒸发可根据需要进行补测录入。

当霾、浮尘、沙尘暴、雾现象使人工观测能见度小于 1.0 km（自动观测能见度小于 0.75 km）时，应观测和记录最小能见度，记录值加方括号"[]"。每一种现象出现时，每天只记录一个最小能见度，根据其出现时段，记入相应的"夜间"栏或"白天"栏。

10 min 平均能见度、10 min 平均风速等数据在设备正常工作 10 min 后出现；2 min 平均风速在设备正常工作 2 min 后出现。

风速≤0.2 m/s（静风时）时，风向记 C。

云观测包括云量和云高。云量以成为单位，取整数；云高以米（m）为单位，取整数。目前由天气现象视频智能仪自动观测识别总云量、云状。全天无云，总云量记 0；天空完全为云所遮蔽，记 10；天空完全为云所遮蔽，但从云隙中可见青天，则记 10⁻；云占全天十分之一，总云量记 1；云占全天十分之二，总云量记 2，其余依此类推。天空有少许云，其量不到天空的十分之零点五时，云量记 0。有中、低云时，应录入最低云的云高。

天气现象记录来源于自动天气现象观测设备，人工可以进行修改质控。白天和夜间天气现象分开记录。白天栏每种天气现象记录一行，每行有现象、编码和时间，依次按照出现顺序排列天气现象。天气现象起止时间用"—"连接；起止时间有间断时，则两段起止时间之间用半角"，"分隔；有视程障碍现象出现时，最小能见度接在起止时间后，记录值加"[]"；若最小能见度缺测,输入"[///]"。

（2）日照数据编报

完成日照数据查看、录入保存,显示日照合计。

自动日照:自动观测时,自动读取显示小时日照时数（观测时制采用地方平均太阳时）。

人工日照:每日 20:00 后开放当日的日照数据录入窗口,在日出日落时段内录入小时日照时数,日出之前、日落之后的小时日照显示为"NN"（观测时制采用真太阳时）。

调整"当前时间"栏日期,可以查看当前日期之前的日照记录。

日出（落）时间:24:00 后软件根据台站经度自动计算显示,精确到分钟。

（3）辐射

进行辐射小时数据、辐射 R 文件和辐射日数据检查和录入（观测时制采用地方平均太阳时）。

辐射小时数据:可读取查询地方平均太阳时正点数据,在数据缺测时可以人工质控录入数据,同时编发更正报。

辐射 R 文件:可生成或加载辐射月报表 R 文件,进行月报表封面、仪器、备注信息录入,可以修改辐射数据。

注意事项:

辐照度 E 指在单位时间内,投射到单位面积上的辐射能,即观测到的瞬时值。单位为瓦/平方米（W/m^2）,取整数;曝辐量 H 指一段时间（如 1 日、1 天）辐照度的总量或称累计量。单位为兆焦耳/平方米（MJ/m^2）,取两位小数,$1\ MJ = 10^6\ J = 10^6\ W \cdot s$。

降水强度大、时间长时,为保护仪器,辐射表加盖,（程序输入）这时因辐射量很小,记录自动按 0.00 处理;全天因降水或其他原因,日最大辐照度为"0"时,则日最大值填"0",出现时间栏空白（非加盖情况下,净全辐射最大值为"0"时,应填出现时间）;出现强沙尘暴时,辐射表加盖,记录按缺测处理;某日因降水影响,总辐射日曝辐量为 0.00,反射辐射日曝辐量也为 0.00时,则该日反射比应填"—"（不填 0.00）。

（4）重要报

重要天气报编发项目包括大风、龙卷、冰雹、雷暴和视程障碍现象（霾、浮尘、沙尘暴、雾）,目前黑龙江省编报项目有冰雹和龙卷,按照国家级标准编报,发报时注意先确定"观测时间",然后选择重要报观测类别,输入重要报数据。

1.3.2.3　查询与处理

"查询与处理"包括数据、状态、日志查询、数据下载和数据备份功能（图 1.14）。

图 1.14　查询与处理界面

（1）数据查询

查询分钟数据、小时数据、雨滴谱数据和日统计数据，同时具备综合查询、数据导出功能。

目前 ISOS Ver3.0.3.508 版本中，查询如下信息：

小时数据查询：仅可以查询"常规要素逐月每小时数据表、质控数据表、订正数据表"，查询某月时间段内逐日逐小时数据。

分钟数据查询：查询某段时间内逐分钟数据，包括所有挂接的观测设备的逐分钟数据、质控数据、订正数据和状态数据、自动气象站状态、地面综合观测主机状态、天气现象综合判断和雨滴谱仪器原始矩阵要素等数据表。

综合查询：可跨表选取查询要素，可查询内容包括以上"小时数据查询"和"分钟数据查询"数据表内容，通过选择所查询数据的要素，选择开始和结束时间，必要时开启"条件筛选"，进行有关查询；可以导出查询结果，导出文件为 .csv 格式。

表 1.4　小时、分钟、综合查询数据表

要素数据文件	文件名（value 表示观测要素文件）
常规要素每日逐分钟数据	AWS_M_Z_IIiiii_yyyyMMDD
常规要素全月逐日每小时数据	AWS_H_Z_IIiiii_yyyyMMDD
天气现象综判每日逐分钟数据	TQXX_M_Z_IIiiii_yyyyMMDD
天气现象要素每日逐分钟数据	IIiiii_weather_value_yyyyMMDD
辐射要素每日逐分钟数据	AWS_M_R_IIiiii_yyyyMMDD
日照要素每日逐分钟数据	IIiiii_sunlight_value_yyyyMMDD
智能视频观测仪要素每日逐分钟数据	IIiiii_intelligentweather_yyyyMMDD
冻土要素每日逐分钟数据	IIiiii_frozensoil_value_yyyyMMDD
雨滴谱仪原始矩阵要素数据	IIiiii_weather_YDP_value_yyyyMMDD

数据导出：选择导出数据的开始和结束时间，对数据进行导出操作，导出数据项与综合查询相同，导出 .csv 格式的有关数据。

雨滴谱数据查询：可显示雨滴谱原始谱图，通过调整时间（系统默认当前计算机时间），查询不同时间的雨滴谱图，通过单选框，可对 1 min、5 min、10 min 等 3 种时长的雨滴谱图进行查看。

日统计查询：通过调整"观测时间"（系统默认当前计算机日期），可查询降水量、日照、蒸发等要素日累计值，气压、气温、相对湿度、风、地面温度、草面温度等要素的 4 次和 24 次平均值、日极值及出现时间，日最小 10 min 能见度值及出现时间，天气现象等信息。

（2）状态查询

查询挂接设备和地面综合观测主机的每日逐分钟状态，选择"文件目录"可以快速进入该设备状态文件目录，打开查看设备状态信息文件，状态文件参见表 1.5。

（3）数据下载

选择需要下载的历史数据，起止时间跨度最长为 7 d，如遇到软件自动补调数据，软件会先完成数据补调，再进行历史数据下载。

（4）数据备份

设置软件自动备份目录，在目标路径下复制形成"AWS""metadata""Awsnet""Config"

"log""database"文件夹。

表 1.5　状态文件查询数据表

状态信息文件	文件名(state 表示设备状态文件)
地面综合观测主机状态每日逐分钟数据	AWS_M_PC_IIiiii_yyyyMMDD
自动站状态每日逐分钟数据	AWS_M_ST_IIiiii_yyyyMMDD
天气现象要素每日逐分钟状态	IIiiii_weather_state_yyyyMMDD
辐射要素每日逐分钟状态	IIiiii_radiation_state_yyyyMMDD
日照要素每日逐分钟状态	IIiiii_sunlight_state_yyyyMMDD
智能视频观测仪要素每日逐分钟状态	IIiiii_intelligentweather_state_yyyyMMDD
冻土要素每日逐分钟状态	IIiiii_frozensoil_state_yyyyMMDD

1.3.2.4　设备管理

"设备管理"项菜单,包括"设备标定""设备维护""设备停用""维护终端""辐射因雨加盖""辐射因沙加盖"等内容。

选择相应传感器,选定开始、终止时间,输入操作人和操作内容,可做"设备标定""设备维护""设备停用""辐射因雨加盖""辐射因沙加盖"等有关操作。

维护终端是 ISOS 软件通过规定命令与采集设备进行交互的通道,可以通过终端命令直接对采集器、传感器进行数据读取、参数设置等操作。"串口终端"具体操作命令及返回数据格式参见附录 A。

注意事项:

(1)在设备标定、维护、停用期间,设备目录树状图对应的传感器显示红色 X 形图标,同时相应观测数据均显示"一"。

(2)传感器检定时,选择"设备标定"。

(3)传感器较长时间停止使用时,选择"设备停用",在设备挂接中取消挂接该传感器。

(4)根据实际工作情况设定结束时间,软件会自动结束该次标定、维护、停用、加盖等活动,并输出传感器观测数值;如提前结束,可选中结束按钮,结束设备管理活动。

(5)选中导出按钮,可将设备管理活动内容导出为.csv 格式文件进行存储。

1.3.2.5　参数设置

(1)报警设置

对环境、流程、质控、灾害、状态进行报警设置。

"环境"报警对 CPU 限额(常用设置 80%)、内存限额(常用设置 80%)、硬盘(常用设置 70%～75%)和句柄数(默认值 10000)进行报警设置。

"流程"报警可根据实际挂接项目选择需要的报警事项,可选择包括设备的数据采集、数据复制、数据质控、数据合成、校时间、校日期等项目。

"质控"报警设置 ISOS 软件对小时和分钟采集数据文件报警的质控方法包括:格式检查、缺测检查、界限值检查、台站极值参数检查、内部一致性检查、时间一致性检查。

"灾害"报警针对设备逐分钟(逐小时)的数据(状态)文件设置重要的天气现象(如:大风)或气象要素(如:气温的高低温预警、降水量的暴雨预警、蒸发水位报警等)的报警规则。

"状态"报警对设备每日逐分钟状态信息进行设置报警规则,如采集器电源状态、镜头类窗口污染(降水现象仪、天气现象视频智能观测仪)。

例:风速报警,如图 1.15 所示:当"常规要素每日逐分钟数据表"中"分钟内最大瞬时风速"大于等于 13.8 m/s(阈值)时报警。

天气现象自检异常报警,如图 1.16 所示:当"天气现象要素每日逐分钟状态表"中"自检状态"等于"异常"时报警。

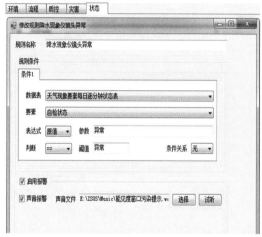

图 1.15 风速报警(例)   图 1.16 天气现象自检异常报警设置(例)

蒸发水位报警,如图 1.17 所示:当"常规要素每日逐分钟数据表"中"当前分钟蒸发水位"大于等于 73.0 mm 或小于等于 45.0 mm(阈值)时报警。

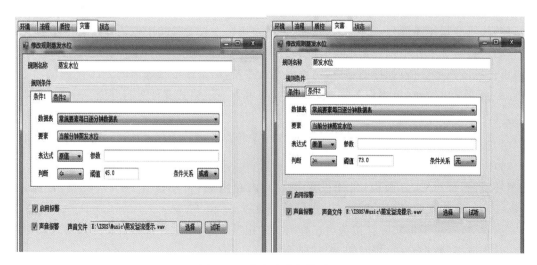

图 1.17 蒸发水位报警(例)

冰雹报警,如图 1.18 所示:当"天气现象要素每日逐分钟数据表"中"降水类天气现象"等于"冰雹"时报警。

　　直流供电报警,如图 1.19 所示:当"自动气象站状态每日逐分钟数据表"中"主采集器供电类型"等于"1"(阈值)时报警。

图 1.18　冰雹报警(例)

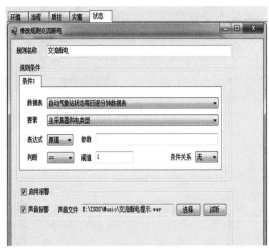

图 1.19　直流供电报警(例)

　　注意事项:

　　"规则名称"可由字母、数字和汉字组成,长度不限,"规则条件"共有 4 条,每条应选择判别灾害的"数据表""要素""表达式""参数""判断"和"阈值",前 3 条需要设置条件之间的关系,"规则名称""判断""阈值""条件关系"为必填项,表达式一般为原值,阈值与"数据表""要素"信息相关联。

　　(2)自定项目参数

　　"辐射仪器参数""基准辐射参数"标签页设置项内容相同,包括:仪器名称、型号、号码、灵敏度、响应时间、电阻、检定日期、启用日期。酸雨仪器参数包括:仪器名称、规格型号、编号、数量、购置或检定日期、启用日期和备注。三项内容按照检定证或实际业务输入即可。

　　辐射审核规则库可以进行"导入""增加""删除"操作,选择站号,进入审核项目,可对辐射要素气候值录入和更改。

　　酸雨参数用于设置酸雨观测的海拔高度、采样方式、采样界定日、降水样品 pH 值和 K 值测量时站内复测的界限值。界限值从前 3 年(不含本年)的酸雨观测资料中统计得到,人工录入时 pH 值需扩大 100 倍录入,K 值需扩大 10 倍录入。

1.3.3　功能操作界面

　　打开 ISOS 软件,默认显示首页界面,包括"首页""质控警告""报警信息""要素显示""实时观测""测报通信与监控"标签页(图 1.20)。

1.3.3.1　首页

　　首页由"气象要素实时显示图""综合判别结果""数据统计信息"和"系统状态指示灯"4 部分组成。

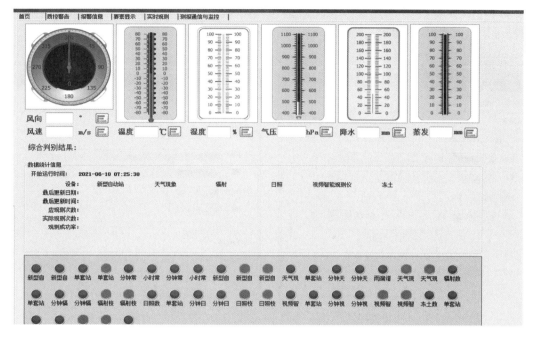

图 1.20　功能操作—首页显示界面

气象要素实时显示:显示气象要素的当前值,由"系统设置"中"首页控件显示要素所在的数据表"确定显示要素的数据来源。

综合判识结果:可根据天气现象综合判别每日逐分钟数据表中的结果实时显示当前天气现象。

数据统计信息:显示系统运行的开始时间、各设备的最后更新日期和时间,应观测和实际观测次数、观测成功率等信息。

系统状态指示灯:指示当前系统状态,绿色表示运行正常,红色表示运行异常,灰色表示未运行。

1.3.3.2　质控警告

质控警告是 ISOS 软件对自动观测数据进行质控后提出的疑误信息。信息根据严重程度由高到低分为"致命""错误""警告""信息"和"提醒"。

警告信息常用如下几种:数据格式不符合、数据超出台站气候极值、数据超出气候界限值、数据内部一致性检查不通过、数据时间一致性检查不通过等。根据质控警告信息发现疑误数据,分析报警原因,修复硬件故障、处理异常数据、调整极值参数。

1.3.3.3　报警信息

报警信息主要是针对系统运行环境、流程、质控的监控报警,包括日期、时间、类型和报警信息 4 项内容。点击"清空",可进行清屏操作,不会删除报警记录。点击"更多",修改日期,可以查询台站当前日期之前某一天的报警信息。

1.3.3.4　要素显示

根据需要灵活选择显示的气象要素值,点击"配置"进行"要素显示配置"。

1.3.3.5　实时观测

实时显示一日内已观测的能见度、气压、气温、相对湿度、地温、草面温度、风速(风向)的极值及出现时间,累计降水(6 h 分段累计、12 h 分段累计、20:00 至当前总量),自动判识的视程障碍现象、降水现象、当日天气现象、辐射辐照度(极值及时间)、曝辐量等。

1.3.3.6　测报通信与监控

可用来监控 BUFR 报文的发送情况。

BUFR 数据发送:数据发送状态监控包括"地面分钟""地面小时""辐射分钟""辐射小时""酸雨""雨滴谱"和"状态"等标签页;每个标签页中的数据传输指示灯直观的表示数据发送情况。"灰色"表示待生成,"绿色"表示已生成,"蓝色"表示已发送,"红色"表示缺报,"橙色"表示更正报。

此界面还可获取未传输的 BUFR 文件,进行 BUFR 数据补发。

第 2 章　观测数据处理与质控

2.1　气象要素值计算与统计

2.1.1　气象要素值计算要求

采集器按固定采样频率进行数据采集,并按要求对采样值进行质量控制,符合要求的采样值可用于计算气象要素的瞬时值、平均值和累计值,并挑取极值。

平均值是对一定时段内的瞬时值进行平均。分为算术平均法、滑动平均法和单位矢量平均法。通常测定 3 s、1 min、2 min 和 10 min 的平均值。

累计值是对一定时段内的瞬时值进行累计。通常测定 1 min 和 1 h 累计值。

极值是从一定时段内的瞬时值中挑取极大或极小值。通常测定 1 h 的极值。

各要素算法如下。

气压、气温、相对湿度、1 min 平均风速、2 min 平均风速、地温、草面温度、冻土、雪深、1 min能见度、辐射采用算术平均法。

3 s 平均风速、10 min 平均风速、10 min 能见度采用滑动平均法。

风向采用矢量平均法。

各要素的极值采用极值算法。

降水量、蒸发量、日照采用累计值算法。

用于日、候、旬、月、季、年值统计的基础数据来源于台站观测并经质量控制后的逐小时观测数据、部分要素的日观测数据,以及日累计日照观测数据和逐分钟降水量数据(表 2.1)。

表 2.1　地面气象要素气象值计算要求

气象要素	平均值	累计值	极值
气压	每分钟算术平均	—	每小时内极值及出现时间
气温			
相对湿度			
地温			
草面温度			
冻土			
辐射		小时累计值	

气象要素	平均值	累计值	极值
风速	以 0.25 s 为时间步长计算 3 s 滑动平均值;以 1 s 为时间步长(取整秒时的瞬时值)计算每分钟的 1 min,2 min 平均;以 1 min 为时间步长(取 1 min 平均值)计算每分钟的 10 min 滑动平均	—	每分钟、每小时内 3 s 极值(即极大风速)及出现时间;每小时内 10 min 滑动平均的极值(即最大风速)及出现时间
风向	时间步长同风速计算矢量平均	—	极大风速和最大风速出现时相应的风向
日照	—	每分钟、小时累计值	—
降水量	—		—
蒸发量	每分钟水位的算术平均		—
能见度	1 min 内采样数据计算 1 min 算术平均值;以 1 min 为时间步长,计算每分钟的 10 min 滑动平均	—	每小时内 10 min 滑动平均的极值(即最小值)及出现时间
雪深	每分钟算术平均	—	—

2.1.2　气象要素值统计精度

地面气象各要素值统计精度表见表 2.2 所示。

表 2.2　要素统计精度

要素	精度和单位	要素	精度和单位
气压	0.1 百帕(hPa)	雪深	1 厘米(cm)
气温	0.1 ℃	频率	1%
水汽压	0.1 百帕(hPa)	冻土深度	1 厘米(cm)
相对湿度	1%	日照时数	0.1 h
风速	0.1 米/秒(m/s)	日照百分率	1%
风向	16 方位、静风	电线积冰厚度	1 毫米(mm)
降水量	0.1 毫米(mm)	电线积冰直径	1 毫米(mm)
蒸发量	0.1 毫米(mm)	电线积冰重量	1 克/米(g/m)
总、低云量	0.1 成	日数	1 日
能见度	1 米(m)	紫外辐射曝辐量	0.001 MJ/m²
地温	0.1 ℃	其他辐射要素曝辐量	0.01 MJ/m²

2.2　异常数据处理

2.2.1　异常记录处理原则

异常记录是指经过数据质量控制后确定为缺测、错误、可疑的观测数据。

(1)当某个数据不完全正确但基本可用时,按正常记录处理;有明显错误且无使用价值时,采用一定的查询或统计方法获取可用以替代的数据,否则按缺测处理。当全部数据不正常时,应及时启用备份设备开展观测,无备份站的按缺测处理。

(2)已实现自动观测的气压、气温、相对湿度、风向、风速、地温、草温记录异常时,正点时次的记录按照正点前 10 min 内(51~00 min)接近正点的正常记录、正点后 10 min 内(01~10 min)接近正点的正常记录、备份设备记录、内插记录(内插可以跨日界)的优先顺序进行替代;其中风向、风速异常时,均不能内插,瞬时风向、瞬时风速异常时按缺测处理。

(3)降水量、能见度、日照不能内插,不用正点前后 10 min 记录替代。

(4)连续两个或以上的时次正点数据缺测时,不能内插,仍按缺测处理。

(5)自动站降水量、自动站蒸发量、辐射曝辐量时值连续缺测 2 h 及以上时,日总量均按缺测处理。

(6)除降水外,自动观测数据缺测无自动记录可替代时,按缺测处理,原则上不进行人工补测。

(7)除降水外,分钟数据异常时均按缺测处理,不内插,不用备份自动站记录替代。对于降水分钟数据,若因某时段降水资料异常而影响 Y 文件中"15 个时段年最大降水量"及其开始时间挑选时,如果相应时段的备份站降水资料正常,需将备份站挑选的"降水量、出现次数和开始时间"替换到现用站的年报表中。

(8)自动站每小时正点数据与该正点时的分钟数据应保持一致。不一致时,对前后记录进行分析,若确认正点数据有误,则用该正点的分钟数据替代;若确认正点分钟数据有误,则用正点值替代。

(9)4 次平均值和 24 次平均值可以互相替代。

(10)天气现象自动观测(或判识)结果存疑时,应结合天气实况人工判定。

(11)时极值、日极值挑取时,当多个数据相同时,记录第一个极值出现的时间。

(12)当日处理异常记录的,需一并处理异常记录对后续正点数据和日数据所带来的错误影响。

(13)用正点前后 10 min 内数据替代时,可利用 ISOS 软件分钟数据查询功能,或者打开分钟数据文件,进行分析选取替代数据。

2.2.2　时极值异常处理

(1)某时次的气温、相对湿度、风速、气压、地温、草温(雪温)、辐射因分钟数据异常而影响时极值挑取时,时极值应从本时次正常分钟实有记录和经处理过的正点值中挑取。

(2)若极值从本时次正常分钟实有记录中挑得,极值和出现时间正常记录。

(3)若极值为经处理过的正点值,且该正点值为正点后 10 min 内的替代数据、备份站正点记录、前后时次内插值时,极值出现时间记为正点 00 分。

(4)不能从以上记录中挑取时,时极值按缺测处理。

(5)自动观测能见度分钟数据异常,影响时极值的挑取时,时极值按缺测处理。

2.2.3　日极值的异常处理

(1)日极值从各时极值(包括经处理过的时极值)中挑取。

（2）若某时极值缺测，则日极值从实有的各时极值中挑取。

（3）自动观测记录全天缺测时，日极值按缺测处理。

（4）若日极值出现时间恰为 24 时，一律记录为 00 时 00 分。

2.3　观测要素异常记录处理

2.3.1　云

自动观测的异常处理：有总云量而无云高时，维持原记录；无总云量而有云高时，删除云高记录。

人工观测异常处理：因雪、雾、轻雾使天空的云量无法辨明或不能完全辨明时，总、低云量记 10，可完全辨明时，按正常情况记录。因霾、浮尘、沙尘暴、扬沙等视程障碍现象使天空云量全部或部分不能辨明时，总、低云量记"—"，若能完全辨明时，则按正常情况记录。因视程障碍影响，全部天空不可辨时，云高录入"—"；部分天空可辨且观测到有云时，云高记录所见的最低云的高度。

2.3.2　能见度

自动能见度观测包括 1 min 平均能见度、10 min 平均能见度、小时最小能见度及出现时间、日最小能见度及出现时间。

能见度异常处理：

（1）当视程障碍现象综合判识出现明显错误时，能见度记录仍以自动观测为准，允许自动能见度记录与该类天气现象不匹配。

（2）当能见度设备故障或数据异常，有备份站记录时，正点能见度数据可用备份记录替代；若无自动记录，受影响的正点能见度数据均按缺测处理，不能内插，不用正点前后 10 min 接近正点的记录替代。由于能见度设备故障或数据异常造成误判视程障碍类天气现象的一并处理。

（3）能见度仪正常工作 10 min 后输出 10 min 平均能见度；挂接"视程障碍判别"后，正常工作 20 min 后显示视程障碍判别综判结果。输出正确的 10 min 平均能见度前提是故障修复后连续 10 min 内的数据均无缺测。

（4）无自动站记录替代时，若定时观测时次需进行人工补测，人工观测值以 0.1 km 为单位录入到"能见度"栏内（扩大 10 倍录入）；以米（m）为单位录入到 10 min 平均能见度栏内；1 min平均能见度按缺测处理；若能见度分钟数据异常，影响时极值挑取时，最小能见度及出现时间接缺测处理。

（5）视程障碍现象的最小能见度从实有正常的综判能见度中挑取最小值。

2.3.3　天气现象

2.3.3.1　天气现象记录规定

（1）天气现象按出现的先后顺序记录。

（2）记录起止时间的天气现象包括（15 种）：雨、阵雨、毛毛雨、雪、阵雪、雨夹雪、阵性雨夹雪、冰雹、雾、雨凇、雾凇、沙尘暴、扬沙、浮尘、大风。

（3）不记起止时间的天气现象包括（6种）：轻雾、露、霜、积雪、结冰、霾。

（4）凡规定记起止时间的现象，当其出现时间不足 1 min 就终止时，则只记开始时间，不记终止时间。

（5）已实现自动观测的天气现象每天 24 h 连续观测。

（6）08 时定时观测时，对夜间出现的所有天气现象按规定配合编报。如果只有一种现象编报"过去天气"，而又不能确定该现象是否占满过去 1 h 之前的整个时段时，按未占满处理，W_1 编报该现象，W_2 编报 0。

（7）大风的起止时间，凡两段出现的时间间歇在 15 min 或以内时，应作为一次记载；若间歇时间超过 15 min，则另记起止时间。

（8）视程障碍现象自动判识时，扬沙、浮尘、轻雾、霾的能见度判识阈值为 7.5 km，沙尘暴、雾的能见度判识阈值为 0.75 km；人工观测时，能见度判识阈值分别为 10.0 km 和 1.0 km。

（9）霾记录处理

①霾现象自动观测，日内正点时次的现在天气现象（wwW_1W_2 中的 ww）为霾且持续 6 个（含）以上时次，则当日日数据文件连续天气现象段记霾。

②霾现象自动观测，日内正点时次的现在天气现象（wwW_1W_2 中的 ww）为霾且持续记录不足 6 个时次，但 20:00 日界前后达 6 个（含）以上时次，若日界前或日界后持续霾现象记录达 4 个（含）以上时次，则在相应日记霾；若日界前和日界后持续霾记录均为 3 个时次，只在日界前记霾。日数据文件日界前后霾的记录处理参见表 2.3 所示。

表 2.3　日数据文件日界前后霾的记录处理

	17	18	19	20	21	22	23	00	日界前	日界后
霾记录	√	√	√	√	√	√			√	
		√	√	√	√	√	√		√	
			√	√	√	√	√	√		√
	√	√	√	√	√	√	√		√	
	√	√	√	√	√	√	√	√	√	√

③08:00 白天与夜间时段霾的记录原则，参照 20:00 跨日界情况处理。

④若某时次现在天气现象缺测，则该时次按无霾现象记录处理。

⑤对霾现象以人工判识为准的台站，日数据文件连续天气现象段记霾方法不变。

⑥由业务软件自动实现日数据文件连续天气现象段霾的记录，当正点数据文件的现在天气现象缺测或数据异常时，日数据连续天气现象段霾的记录以人工处理为准。

⑦A 文件中霾记录以日数据记录为准。

2.3.3.2　天气现象异常处理

（1）降水类天气现象异常处理

①自动降水现象观测包括毛毛雨、雨、雪、雨夹雪、冰雹 5 种降水现象，雨滴图谱数据。当降水现象自动记录频繁转记或出现明显降水相态错误时，应结合卫星、雷达、自动站数据、视频监控等多源观测数据进行综合判定订正，必要时可结合人工观测进行订正。

②降水现象与降水量记录应保持一致。

③有降水现象无降水量时，如综合判定自动观测天气现象记录异常，则删除降水现象，否

则维持原记录,按微量降水处理。

④无降水现象有降水量时,如综合判定自动观测天气现象记录异常,则参考降水量或视频监控对天气现象记录进行补记(尤其是降雪较小、降水现象仪出现漏测时);如综合判定为滞后降水,按滞后降水的技术规定处理;如综合判定为非降水因素导致的降水量记录,按无降水现象处理,删除异常降水量记录。

⑤由于降水影响,人工观测能见度小于 10.0 km,不必加记视程障碍现象;由于降水影响,自动观测能见度小于 7.5 km 时出现视程障碍现象,应视为误判,相应记录应删除。

(2)视程障碍类天气现象异常处理

①雾、轻雾、霾、浮尘、扬沙、沙尘暴 6 项,采用台站地面观测业务软件自动判识。

②当视程障碍类天气现象判识结果出现异常,应参考上游天气状况、卫星云图、本地大气成分监测数据、视频监控等资料进行综合分析,并对相关数据进行确认或修改,必要时结合人工观测对自动判识结果、天气现象编码和连续天气现象人工订正。

2.3.4　气温和相对湿度

当正点气温或相对湿度为分钟数据替代值、备份站替代值或内插值时,水汽压和露点温度需反查求得,在 ISOS 软件"省级自定与应急观测"中可实现自动计算。

2.3.5　气压

(1)当本站气压为分钟数据替代值、备份站替代值或内插值时,海平面气压在 ISOS 软件中可实现自动计算(用备份站记录替代时,若两站的气压传感器海拔高度不一致,需进行高度差订正,再以此计算海平面气压)。

(2)如当前时次或前 12 h 气温数据有变化,ISOS 软件会自动计算海平面气压。

(3)计算海平面气压时,应保证前 12 h 气温输入正确。

2.3.6　大型蒸发

(1)因降水(蒸发桶溢流等)或维护导致小时蒸发量异常,则按 0 处理。降水期间,小时蒸发量≥0.4 mm 时,根据经验可算作小时蒸发量异常。

(2)设备故障时,若备份自动站记录正常,小时蒸发量用备份自动站记录替代。无备份记录可替代时,若只缺测 1 h,该时次内插处理(设备启用后的第一个时次或停用前的最后一个时次缺测时作缺测处理);若连续缺测 2 h 及以上,相应时次及当日蒸发量作缺测处理。

(3)蒸发传感器使用期间,因结冰导致蒸发数据异常时,小时及日数据均按缺测处理。

2.3.7　日照

(1)当日照传感器设备故障或数据异常,有备份站记录替代时,日照数据用备份记录代替;若无自动记录替代,不进行内插,按缺测处理。

(2)日照时数有缺测时,按实有记录计算日合计。日照时数全天缺测时,若全日为阴雨天气,则该日日出日落时段内日照时值及日合计值均按"0.0"处理;否则,该日日照时数按缺测处理。

2.3.8　积雪与雪深

（1）雪深仪故障或数据明显异常时，记录按缺测处理。

（2）雪深自动观测记录与积雪现象不匹配时，仅对定时观测时次记录进行处理，有积雪无雪深时，维持原记录；无积雪有雪深时，删除雪深记录，同时清理采样区残留积雪。

2.3.9　电线积冰

（1）电线积冰架安装在观测场外，选择观测场附近空旷、平整、适宜观测的场地，电线积冰架上的观测导线为直径 26.8 mm 的电缆。

（2）有电线积冰观测任务的台站，应在积冰崩塌前测定每次积冰过程的最大直径和厚度，以毫米（mm）为单位，取整数。当在直径 26.8 mm 的积冰电缆上所测得的直径达到以下数值（单纯的雾凇 38 mm，雨凇、湿雪冻结物或包括雾凇在内的混合积冰 31 mm）时，需测定一次积冰最大重量，以克/米（g/m）为单位，取整数。

（3）测量积冰直径与厚度时，厚度一般小于直径，最多与直径相等。若一天内进行了两次测量（不论是一次积冰过程还是两次过程），应将第二次记录按照电线积冰栏的格式记入备注栏。

（4）每次测定积冰重量之后，随即应观测自动气象站当前气温和风向风速（2 min 平均），记录在观测簿当天"南北"向的相应栏中。若遇上只测定积冰直径、厚度而不测重量的情况时，此项观测应在测定厚度之后进行。若两个方向导线上的积冰不是一次相继测定的，则在每一个方向积冰测定后，都需观测气温和风向风速，并区别方向填入观测簿。

2.3.10　风向风速

风向和风速观测包括 3 s、2 min、10 min 的平均风速和对应的风向，小时最大风速、风向及出现时间，小时极大风速、风向及出现时间，日最大风速、风向及出现时间；日极大风速、风向及出现时间。

（1）2 min 与 10 min 平均风有缺测时，不能相互替代。

（2）正点风向风速异常，按照正点前 10 min、正点后 10 min、备份站记录的顺序替代。用正点前、后 10 min 记录替代时，用以替代正点 2 min（10 min）平均风的分钟数据必须为有效数据，即从拟代分钟数据开始，之前 2 min（10 min）内的数据均正常可用。

（3）正点风向风速缺测时，不能用前、后两时次正点数据内插求得。

（4）风速记录缺测但有风向时，风向亦按缺测处理；有风速而无风向时，风速照记，风向缺测。

（5）正点 2 min（10 min）风向风速用正点前后 10 min 记录替代时，优先考虑用风向风速皆有的分钟数据替代，否则只用接近正点的风速分钟数据替代正点 2 min（10 min）风速，此时风向按缺测处理；当正点风速经替代后的值≤0.2 m/s 时，风向记为"C"。

（6）正点瞬时风向风速异常时，按缺测处理。

2.3.11　降水量

2.3.11.1　降水异常记录替代原则

降水观测记录以翻斗式雨量传感器数据为准时,首先按照称重式降水传感器,其次按照备份自动站翻斗式雨量传感器顺序替代。

非结冰期,降水量以翻斗雨量传感器记录为准,异常时段内的数据按称重式降水量备份站翻斗雨量顺序替代,无自动观测设备备份时应及时启用人工观测记录代替。结冰期异常时,启用人工观测记录代替。

无自动观测数据可替代时应及时启用人工雨量器补测。

2.3.11.2　降水记录异常处理

(1)若无降水现象,因其他原因(昆虫、风、沙尘、树叶、人工调试、设备故障等)造成异常记录时,删除该时段内的分钟和小时降水量。

(2)降水现象停止后,仍有降水量,若能判断为滞后(量一般≤0.3 mm,且滞后时间不超过2 h),将该量累加到降水停止的那分钟和小时时段内,否则将该量删除。

(3)称重式降水传感器在降水过程中,伴随有沙尘、树叶等杂物时,按正常降水记录处理;遇液态降水溢出或固态降水堆至口沿以上,或降水过程中取水,则该时段降水量按缺测处理。

(4)称重式降水传感器承水口内沿堆有积雪或雨凇时,应及时清理到收集容器内。由此产生的异常数据,能判断降水结束时间的,若收集的雪量≤0.3 mm,应参照滞后降水的规定处理,即将该量累加到降水停止的那分钟和小时时段内,若收集到的雪量>0.3 mm,加入到降水结束的时次,该时次降水时段内的分钟数据按缺测处理;不能判断降水结束时间的,加入到有降水量的最后一个时次,该时次内的分钟数据按缺测处理。

(5)随降随化的固态降水按正常情况处理。

2.3.12　辐射

(1)若在日出后第 2 个小时至日落前 2 个小时之间(当为阴天或地面有积雪反射辐射很强时除外)净辐射值出现负值,或日落后至日出前净辐射出现正值,若时曝辐量的绝对值>0.10,则将该时值用内插法求得;若在日落之后和日出之前有总辐射、直接辐射、散辐射、反射辐射,则将其置空处理。

(2)若记录之间有矛盾,但不能判断是何要素有明显错误,则维持原记录;若能判断某要素有明显错误,则先将该要素的记录值按缺测处理,再按记录缺测时的处理规定对该记录进行处理。当水平面直接辐射大于等于垂直于太阳面的直接辐射时,维持原记录。

(3)对于非全天候观测的辐射项目,辐射记录的时曝辐量缺测或有误时,若无正点辐照度值,则用内插法求得;对于跨日出、日落的时次(包括前后两时次)按梯形面积法进行内插。

例:某站 06:40 日出,06:40—07:00 小时曝辐量缺测,07:00—08:00 小时曝辐量为 2.10 MJ/m^2,则 06:40—07:00 小时曝辐量＝(0+2.10)÷2×20÷60＝0.35 MJ/m^2

(4)观测时段内时曝辐量连续缺测 2 h 或以上时(包括跨日)不能按上述内插方法处理。若小时曝辐量缺测时次及上个时次的正点辐照度(包括日出日落时间)正常可用,可用辐照度梯形面积法计算该时次小时曝辐量。

例1:某站 06:40 日出,08:00 辐照度为 500.00 W/m²,09:00 辐照度为 1000.00 W/m²,08:00—09:00 小时曝辐量缺测,则 08:00—09:00 小时曝辐量＝(500＋1000)÷2×60×60÷10⁶＝2.70 MJ/m²

例2:某站 06:40 日出,07:00 辐照度为 500.00 W/m²,06:40—07:00 小时曝辐量缺测,则 06:40—07:00 小时曝辐量＝(0＋500)÷2×20×60÷10⁶＝0.30 MJ/m²

(5)当某时曝辐量有误或缺测且不能按上述方法统计时,在日统计中将其按缺测处理。

2.4　数据质量控制

为保证观测数据质量,需对自动站数据进行质量控制。仪器自动观测数据的质量控制包括设备端质量控制、业务终端软件质量控制、省级质量控制和国家级质量评估。设备端和业务终端软件的质量控制在台站完成,对观测数据进行初步质量控制,并添加相应质控码;省级为数据质量控制的主体,对台站上传的数据进行定性,并输出质量控制结果;国家级质量评估是在可信的数据基础上开展的实时质量评估,以进一步提升观测数据准确性。

数据质量控制过程中,需要对采样值和瞬时值是否经过数据质量控制以及质量控制的结果进行标识,这种标识用于定性描述数据置信度。

质量控制标识用质量控制码表示,见表 2.4;质量控制内容,见表 2.5。

表 2.4　数据质量控制标识

设备端质量控制标识		业务终端质量控制标识	
质量控制码	描述	质量控制码	含义
0	"正确":数据没有超过给定界限	0	正确
1	"存疑":不可信的	1	可疑
2	"错误":错误数据,已超过给定界限	2	错误
3	"不一致":一个或多个参数不一致; 不同要素的关系不满足规定的标准	3	预留
4	"校验过的":原始数据标记为存疑、错误或不一致, 后来利用其他检查程序确认为正确的	4	修改数据
8	"缺失":缺失数据	5	预留
9	"没有检查":该变量没有经过任何质量控制检查	6	预留
质量控制码	描述	7	无观测任务
N	"没有传感器":无数据	8	缺测
注:对于瞬时值,若属采集器或通信原因引起数据缺测,在业务终端命令数据输出时直接给出缺失,相应质量控制标识为"8";若有数据,质量控制判断为错误时,在业务终端命令数据输出时,其值仍给出,相应质量控制标识为"2",但错误的数据不能参加后续相关计算或统计		9	未作质量控制

表 2.5　质量控制内容

序号	对采样值的质量控制	对瞬时值的质量控制	业务终端质量控制	省级质量控制	地面气象观测资料质量控制	地面气象辐射观测资料质量控制
1	界限值和允许最大变化值的检查	"正确"数据的基本条件界限值和变化速率的检查	格式检查	界限值检查	格式检查	格式检查
2	极限范围检查	极限范围检查	设备状态检查	范围值检查	缺测检查	缺测检查
3	变化速率检查	变化速率检查(最大允许变化速率;最小应该变化速率)	数据质量控制码检查	内部一致性检查	界限值检查	界限值检查
4	瞬时值计算检查	内部一致性检查	气候学界限值检查	时间一致性检查	主要变化范围检查	主要变化范围检查
5			气候极值检查	空间一致性检查	内部一致性检查	内部一致性检查
6			时间一致性检查(气象要素的最大允许变化速率;气象要素的最小应该变化速率)	特殊天气检查(大幅降温;积雪;高湿;等温;中小尺度天气现象)	时间一致性检查	质量控制综合分析
7			内部一致性检查(同类要素内部一致性检查;不同要素内部一致性检查)	系统偏差检查(传感器漂移;启动风速增大;风向缺失)	空间一致性检查	数据质量标识
8				其他检查(地温日较差;台站参数检查)	质量控制综合分析	
9					数据质量标识	

2.4.1　疑误数据分类

(1)疑误数据是指没有通过一个或多个数据质量控制方法检查的气象要素,如"某站气温没有通过空间一致性检查,与周围邻近站相比偏低",该时气温即为一个疑误数据。

(2)疑误数据包括错误数据、可疑数据和缺测数据。

(3)未通过界限值检查的观测数据属于错误数据,质控标识为 2。

(4)未通过气候极值、变化范围值、内部一致性、时间一致性和空间一致性等检查的观测数据属于可疑数据,质控标识为 1。可疑数据保留,进一步质控或上传至省级进行质控。

(5)未通过格式检查数据属于错误数据,质控标识为 2。错误数据置为缺测,不再进行后续检查。

(6)未通过设备状态检查时,相应质控码为 2。错误数据置为缺测,不再进行后续检查。

(7)进行数据质量控制码检查时,若读取的质量控制码显示数据错误,则数据做缺测处理,相应质控码为2。

（8）需进行观测但无有效值的观测数据属于缺测数据，质控标识为8。

2.4.2 疑误数据质量控制规则

2.4.2.1 分钟数据

辐射和地面分钟疑误数据不做处理。

通过质控检查的，质控标识为0；判断为错误数据的，质控标识为2；判断为可疑数据的，质控标识为1；判断为缺测数据的，质控标识为8。时间一致性检查气象要素的最大允许变化速率参见表2.6所示。

表 2.6　最大允许变化速率（分钟）

序号	要素	最大允许变化速率
1	气压	1 hPa
2	温度	3 ℃
3	露点温度	2 ℃
4	相对湿度	10%
5	2 min 平均风速	20 m/s
6	地面温度	5 ℃
7	草面温度	5 ℃
8	5 cm 地温	1 ℃
9	10 cm 地温	1 ℃
10	15 cm 地温	1 ℃
11	20 cm 地温	1 ℃
12	40 cm 地温	0.5 ℃
13	80、160、320 cm 地温	0.3 ℃
14	太阳辐射	800 W/m²
15	能见度	3000 m

2.4.2.2 小时数据

辐射和地面小时数据按照疑误数据分类进行处理，对于错误或缺测数据，若有数据可替代时，则修改原值，质控标识为4；否则，仅保留原值，质控标识为2或8。对于可疑数据，若能判断数据有明显错误，则按照错误数据进行处理；若无法判断是否正确，则保留原值，质控标识为1。时间一致性检查气象要素的最小应变化速率参见表2.7所示。

表 2.7　最小应变化速率（一般为过去 60 min 内）

序号	要素	最小应变化速率
1	气压	0.1 hPa
2	温度	0.1 ℃
3	露点温度	0.1 ℃

序号	要素	最小应该变化速率
4	相对湿度	1%
5	风速	0.5 m/s(2 min 平均风速)
6	风向	10°(10 min 平均风速大于 0.1 m/s)
7	瞬时风速	—
8	地面温度	0.1 ℃(除雪融状况)
9	草面温度	0.1 ℃
10	5 cm 地温	
11	10 cm 地温	
12	15 cm 地温	
13	20 cm 地温	土壤温度可能会很稳定,没有最小变化速率要求
14	40 cm 地温	
15	80、160、320 cm 地温	
16	能见度	—

第二部分　装备技术保障

第 3 章　DZZ5 型自动气象站

3.1　系统概述

　　DZZ5 新型自动气象站是为了满足中国气象局针对目前和未来若干年内对地面气象探测业务的需求而专门设计、研制的多功能综合气象观测系统。新型自动气象站采用了最先进的嵌入式系统技术和外部总线技术,采用的是"主采集器＋外部总线＋分采集器＋传感器＋外围设备"的结构设计方式。新型自动气象站所采用的"主/分采集器"结构方式,是充分考虑到了能够实现全要素、综合观测的能力,同时具备高性能、多功能的数据处理能力(图 3.1)。

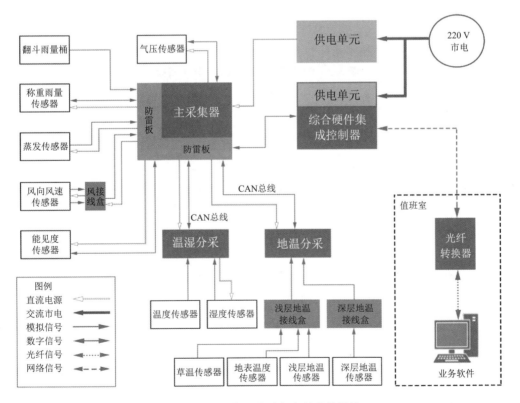

图 3.1　DZZ5 新型自动气象站整体结构

　　DZZ5 新型自动气象站的核心控制部件单元是主采集器。主采集器具有强大的数据处理能力,可以满足各种复杂气象探测系统的数据处理要求。同时在主采集器内部还增加了一个对常规气象要素进行数据探测的数据采集单元,可以完成对风速、风向、空气温度、相对湿度、降水、气压、蒸发、总辐射以及能见度气象要素的探测、数据采集。

DZZ5 新型自动气象站构分为四大部分:采集系统、传感器系统、通信系统和供电系统。采集系统负责自动气象站所有数据的收集、存储及分析运算。采集器为 HY3000 采集器。传感器系统是根据不同的观测需要,配置不同的传感器,用以测量相应的气象要素。通信系统用以将采集核心处理后的数据,传输到计算机,分为有线通信和无线通信。供电系统用以提供整个自动气象站系统运行的电力供应,一般分为交流供电、太阳能供电和交流供电与太阳能供电并用的三种方式。

DZZ5 新型自动气象站区别于原有站型的优势如表 3.1。

表 3.1　DZZ5 新型自动气象站的优点

序号	技术手段	优点
1	嵌入式系统	运行速度更快、可靠性更高、功耗更低
2	主/分采集器结构	易于扩展(通过按需选配分采方式)
3	CAN 总线结构	传输速度高、稳定性高

3.2　技术指标

DZZ5 新型自动气象站技术指标如表 3.2 所示。

表 3.2　DZZ5 新型自动气象站技术指标

测量要素	范围	分辨力	最大允许误差
气压	500～1100 hPa	0.1 hPa	±0.3 hPa
气温	−50～50 ℃	0.1 ℃(天气观测)	±0.2 ℃(天气观测)
		0.01 ℃(气候观测)	±0.1 ℃(气候观测)
相对湿度	5%～100%RH	1%	±3%(≤80%)
			±5%(>80%)
露点温度	−60～50 ℃	0.1 ℃	±0.5 ℃
风向	0～360°	3°	±5°
风速	0～60 m/s	0.1 m/s	±(0.5+0.03 V)m/s
降水量	翻斗:雨强 0～4 mm/min	0.1 mm	±0.4 mm(≤10 mm)
			±4%(>10 mm)
	称重:0～200 mm	0.1 mm	0.1% FS
地表温度	−50～80 ℃	0.1 ℃	−50～50 ℃:±0.2 ℃
			50～80 ℃:±0.5 ℃
红外地表温度	−50～80 ℃	0.1 ℃	±0.4 ℃
浅层地温	−40～60 ℃	0.1 ℃	±0.3 ℃
深层地温	−30～40 ℃	0.1 ℃	±0.3 ℃

续表

测量要素	范围	分辨力	最大允许误差
日照	0～24 h	1 min	±0.1 h
总辐射	0～1400 W/m²	5 W/m²	±5%（日累计）
净辐射	−200～1400 W/m²	5 W/m²	±0.4 MJ/m²d(≤8 MJ/m²d)
			±5%(>8 MJ/m²d)
直接辐射	0～1400 W/m²	5 W/m²	±1%（日累计）
散射辐射	0～1400 W/m²	5 W/m²	±5%（日累计）
反射辐射	0～1400 W/m²	5 W/m²	±5%（日累计）
UV	0～200 W/m²	0.1 W/m²	±5%（日累计）
UVA	0～200 W/m²	0.1 W/m²	±5%（日累计）
UVB	0～200 W/m²	0.1 W/m²	±5%（日累计）
光合有效辐射	2～2000 μmol/(m²·s)	1 μmol/(m²·s)	±10%（日累计）
大气长波辐射	0～2000 W/m²	1 W/m²	±5%（日累计）
地球长波辐射	0～2000 W/m²	1 W/m²	±5%（日累计）
蒸发量	0～100 mm	0.1 mm	±0.2 mm(≤10 mm)
			±2%(>10 mm)
土壤水分	0～100%土壤体积含水量	1%	±1%(≤40%)
			±2%(>40%)
地下水位	0～2000 cm	1 cm	±5 cm
能见度	10～70000 m	1 m	±10%(≤10000 m)
			±20%(>10000 m)
云量			
云高	60～7500 m	1 m	±5 m
积雪深度	0～2000 mm	0.1 mm	±10 mm
电线积冰厚度			
天气现象			
冻土深度			
闪电频次			
浮标方位	0～360°		
海温	0～32 ℃	0.1 ℃	±0.2 ℃
海水盐度	2.8 S～3.6 S	0.1 S(实用盐度单位)	±0.2‰
海水电导率		0.01 mS/cm	
波高	0.2～25 m	0.1 m	±3%
波周期		0.1 s	
波向		1°	
表层海洋面流速		0.1 m/s	
海水浊度		1 NTU(散射浊度单位)	
海水叶绿素浓度		1 μg/L	

3.3 采集器单元

DZZ5 新型自动气象站采集器单元由 HY3000 主采集器、HY1101 温湿分采集器、HY1310 地温分采集器共同组成,采集器之间通过 CAN 总线方式进行通信(图 3.2)。

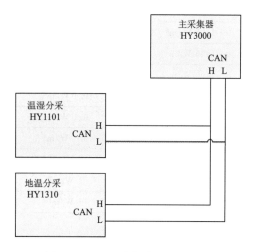

图 3.2 DZZ5 采集单元连接方式

3.3.1 主采集器(HY3000 型)

3.3.1.1 概述

HY3000 是一款通用型的采集器设备,它载有多路模拟、数字与通信接口。新型站的固定接口定义供参考(接口定义可能根据相关规定改变而变更)。

主采集器两大功能:(1)完成基本气象要素传感器和各个分采集器的采样数据,对采样数据进行控制运算、数据计算处理、数据质量控制、数据记录存储,实现数据通信和传输,与终端微机或远程数据中心进行交互;(2)担当管理者角色,对构成自动气象站的其他分采集器进行管理,包括网络管理、运行管理、配置管理、时钟管理等以协同完成自动气象站的功能。

主采集器是自动气象站的核心,由硬件和嵌入式软件组成。硬件包含高性能的嵌入式处理器、高精度的 A/D 电路、高精度的实时时钟电路、大容量的程序和数据存储器、传感器接口、通信接口、CAN 总线接口、外接存储器接口、以太网接口、监测电路、指示灯等,硬件系统能够支持嵌入式实时操作系统的运行。

主采集器嵌入式处理器的选取还应满足下列要求:

(1)综合考虑速度、功耗、环境要求,能支持嵌入式实时操作系统的运行并具有内置的 Watchdog 功能,采用当前市场主流 ARM9 系列的 32 位处理器;

(2)选择 16 位以上的 A/D 转换电路,以满足传感器的测量要求;

(3)实时时钟电路能保证误差 15 秒/月的要求;

(4)程序存储器为非易失性的,容量满足嵌入式软件的容量要求,并具有 50% 的余量;

(5)数据存储器为非易失性的,容量满足数据存储的要求,并具有 50% 的余量;

(6)RAM 满足嵌入式软件的运行要求,并且有 30% 的余量。

主采集器直接挂接的传感器包括:气温、湿度、气压、降水量(分辨率 0.1 mm 和 0.5 mm 各一)、风向(10 m 高度)、风速(10 m 高度)、蒸发、总辐射、能见度(图 3.3)。

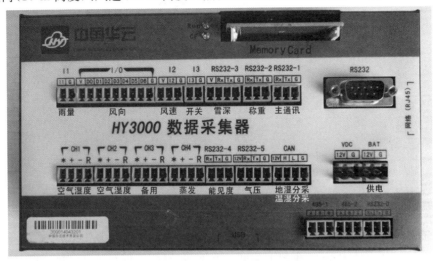

图 3.3　主采集器实物图

3.3.1.2　技术指标

主采集器技术指标如表 3.3 所示。

表 3.3　主采集器技术指标

工作电压	7~15 V,额定 12 V
整机功耗	1.2 W
工作温度	工业级 −40~80 ℃
时钟精度	误差小于 15 秒/月

新型自动气象站固定接口定义如表 3.4 所示。

表 3.4　新型自动气象站固定接口定义

序号	名称	接口	类型
1	空气温度	CH1(* + − R)	四线制电阻
2	空气湿度	CH2(2+)	单端电压
3	蒸发	CH4(4R)	单端电流
4	气压	RS232-5($T_X R_X G + 12$ V)	数字 232
5	地温分采温湿分采	CAN(H L)	CAN 总线
6	雨量	C1(C1 G)	计数脉冲
7	风向	I/O(D0-D7)	格雷码
8	风速	C2(C2 G)	频率
9	主通信	RS232-1($R_X T_X G$)	数字 232
10	采集器供电	BAT(+12 V G)	直流电压
11	称重降水(预留备用)	RS232-2($T_X R_X G + 12$ V)	数字 232

3.3.1.3　主采集器通道接入情况

主采集器测量通道配置如表 3.5 所示。

表 3.5　主采集器的测量通道配置

传感器类型	通道类型	数量
气温	模拟(铂电阻)	1
湿度	模拟(电压)	1
气压	RS232	1
风向	数字(7 位格雷码)	1
风速	数字(频率)	1
降水量	数字(计数)	1
蒸发量	模拟(电流)	1
渐近开关	数字(电平)	1

3.3.1.4　主采集器的指示灯配置

(1)指示灯介绍,HY3000 采集器上一共有 2 个指示灯,分别是 RUN 和 CF。

(2)正常情况下,在采集器完成启动后,RUN 秒闪。当插入的 CF 卡读写正常时,CF 指示灯常亮。

3.3.1.5　主采集器的在线编程接口、外界存储器配置

(1)RS-232;

(2)RJ 45;

(3)1 个 CF 卡;

(4)2 个 USB 端口。

3.3.1.6　数据通信方式

主采集器配置 1 个调试串口 RS232-D,使用串口调试线连接主采集器的调试串口和 PC 机的 RS232 串口;

设置 PC 机的串口通信参数 9600 N 8 1;

PC 机运行串口通信软件,即可实现主采集器与 PC 机之间的数据通信。

3.3.1.7　测试命令

测试命令格式:GETDEBUG10!

返回数据格式:201308260803846 27.9 0.0-1433.9447021 0.0 0.0 238.0 0.00.0 11856.6894531 26.5

数据格式说明:年年年年月月日日时时分分秒秒 温度 湿度 辐射 蒸发 风速 风向 门控 雨量 主板电压 主板温度。

3.3.1.8　注意事项

(1)电源接入问题

采集器上有两个接口:VDC 和 VBAT。

VBAT 接口与电池正负极连接。

VDC 只能作为外部交流电源检测使用,而不能作为供电输入。

（2）RS232 口的作用

HY3000 上自带的 9 针 RS232 口只作为内部调试使用,不响应常规采集器的命令。

因此,在正常使用或者进行采集器调试时,都不要接到这个口上,而应该接入到采集器的 RS232-1 通信口上。

（3）启动时间

HY3000 采集器内置操作系统,因此启动时间稍长。从上电到完成启动（采集器内置蜂鸣器发出滴滴两声）需要 30s 左右。在使用过程中需要注意。

3.3.2　分采集器

分采集器由硬件和嵌入式软件组成。硬件包含高性能的嵌入式处理器、高精度的 A/D 电路、高精度的实时时钟电路、大容量的程序存储器、参数存储器、传感器接口、通信接口、CAN 总线接口、监测电路、指示灯等。

分采集器负责所接入传感器对应气象要素的测量,在工作状态对挂接的传感器按预定的采样频率进行扫描,收到主采集器发送的同步信号后,将获得的采样数据通过总线发送给主采集器。

3.4　传感器单元

新型自动气象站传感器概要见表 3.6。

表 3.6　新型自动气象站传感器概要汇总表

设备名称	工作电压	信号类型	信号范围	量程范围	接入位置
湿度传感器	12 V	电压	0～1 V	0～100%	温湿分采
温度传感器	无需供电	电阻	80～120 Ω	−50～+60 ℃	温湿分采
气压传感器	12 V	RS232	———	500～1100 hPa	主采集器
风速传感器	5 V	频率	0.7～5 V	0.3～60 m/s	主采集器
风向传感器	5 V	格雷码	———	0～359°	主采集器
蒸发传感器	12 V	电流	4～20 mA	0～100 mm	主采集器
雨量传感器	无需供电	脉冲	———	0～4 mm/min	主采集器
地温传感器	无需供电	电阻	80～120 Ω	−50～+60 ℃	地温分采

3.4.1　湿度传感器 HMP155

3.4.1.1　概述

湿度传感器采用高精度湿敏电容。湿敏电容为高分子薄膜电容,当环境湿度发生改变时,湿敏电容介电常数发生变化,其电容量也随之改变,电容变化量与相对湿度具有对应关系。通过变换电路将电容变化量转换为 DC 0～1 V 输出,线性对应 0～100% 相对湿度（图 3.4、表 3.7）。

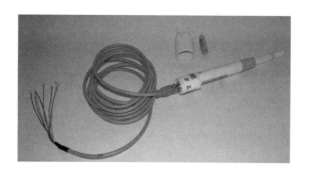

图 3.4　湿度传感器 HMP155

表 3.7　湿度传感器技术指标

参数	指标	说明
湿度		
测量范围	0～100%RH	
输出	0～100%RH,对应 DC 0～1 V	
精度	±2%RH(0～90%RH) ±3%RH(90%～100%RH)	(＋20 ℃)
稳定性	优于 1% 每年	
温度特性	±0.05%RH/℃	
响应时间	15 s 带保护罩	
整体		
工作温度范围	−40～＋60 ℃	
储存温度范围	−40～＋80 ℃	
供电	DC 7～35 V	
功耗	<4 mA	
重量	350 g	

3.4.1.2　电气连接

温湿度传感器连接图如图 3.5 所示。

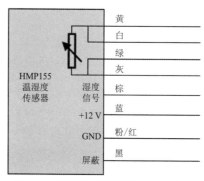

图 3.5　湿度传感器线缆电气连接图

3.4.2　温度传感器 HY-T

3.4.2.1　概述

高精度铂电阻气温传感器利用铂电阻阻值随着温度的变化而改变的特性来测量温度。0 ℃时的电阻值为 100 Ω，气温每升高或降低 1 ℃，电阻阻值增大或减小 0.385 Ω。为消除线阻和接触电阻影响，达到高精度测量要求，气温传感器采用四线制方式测量铂电阻阻值的变化（图 3.6、图 3.7）。

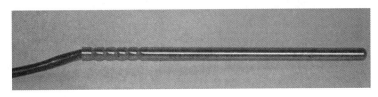

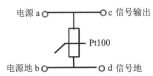

图 3.6　HY-T 温度传感器　　　　　图 3.7　温度传感器四线制原理

a 与 c 间、b 与 d 间阻值为信号线电阻，阻值一般为 1 Ω 左右，称为同端电阻（R_2）。

a(c)与 b(d)间阻值为信号线电阻与铂电阻之和，一般在 80～120 Ω，称为异端电阻（R_1）。气温（T）计算公式如下：

$$T = \frac{R_1(异端阻值) - R_2(同端阻值) - 100\ \Omega}{0.385\ \Omega/℃}$$

3.4.2.2　技术指标

温度传感器技术指标见表 3.8。

表 3.8　温度传感器技术指标

参数	指标
精度	±0.2 ℃
灵敏度	0.385 Ω/℃
测量范围	−40～+80 ℃
尺寸	直径 5 mm，长 130 mm（标配尺寸）

3.4.3　气压传感器 PTB210 型

3.4.3.1　概述

气压传感器采用硅电容式绝对压力传感器来测量大气压力，具有优异的无滞后、可重复、耐温变和长期稳定等特性（图 3.8）。

PTB210 系列数字气压表完全适应室外安装，具有耐温范围广的特点。两种型号可选。

用户可选串口输出（对应 500～1100 hPa 或 500～1300 hPa）或模拟输出（500～1300 hPa 对应 0～5 V 或 0～2.5 V）。

3.4.3.2　性能指标

气压传感器 PTB210 技术指标见表 3.9。

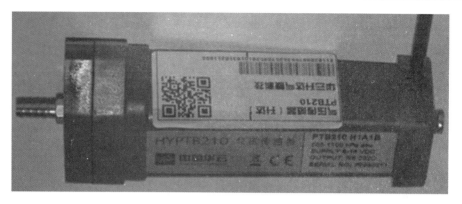

图 3.8   气压传感器 PTB210 型

表 3.9   气压传感器 PTB210 技术指标

参数	指标	说明
测量范围	50～1100 hPa	串口模式
测量精度	±0.15 hPa	串口模式
串行输出	RS232	通信设置 9600 N 8 1

3.4.3.3   接线图

气压传感器接线图如图 3.9 所示。

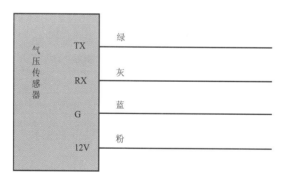

图 3.9   气压传感器 PTB210

3.4.4   风传感器 EL15 系列

3.4.4.1   工作原理

(1)风速采用三杯式感应器。风杯转动带动同轴截光盘旋转,截光盘切割光电转换器发射的光束,由此感应出与风速成正比的频率信号,由计数器计数,经转换即得到实际风速值(图 3.10)。

主采集器为传感器提供 DC 5 V 工作电压。风速的大小通过测量传感器输出的频率信号得出。频率信号用普通仪器不便测量,可用万用表测量输出电压来进行初步判断。风杯转动时,测量其输出电压为 AC 2.3 V/DC 3.0 V 左右;风杯静止时,测量输出其电压为 DC 0.8 V 或 DC 4.9 V 左右。风速计算公式如下:

图 3.10　风传感器实物图

$$V=0.2315+0.0495f(V:风速值,f:输出频率)$$

（2）风向传感器的信号发生装置是由风标转轴、7 位格雷码码盘组成。码盘由七个同心圆组成，由内到外分别作 2、2、4、8、16、32、64 等分，相邻每份作透光与不透光处理，通过位于码盘两侧同一半径上的 7 对光电耦合器件输出相应的 7 位格雷码。码盘上面安装有一组（7 个）红外发光二极管，下面对应位置有一组（7 个）光电转换器。红外发光二极管发射红外光穿过码盘透光部分照射到下面的光电转换器上。风向标带动格雷码盘转动，7 个光电转换器根据是否接收到红外光输出高、低电平，组成一个 7 位格雷码。每个格雷码代表一个风向，分辨率为 2.8125 度。

主采集器为风向传感器提供 DC 5 V 工作电压。风向传感器信号由 7 根信号线输出，D0～D6 分别对应七位格雷码，每根信号输出为接近 0 V 的低电平或 DC 4.9 V 左右的高电平。

3.4.4.2　性能指数

风传感器技术指标如表 3.10 所示。

表 3.10　风传感器技术指标

参数	指标	说明
风向		
测量范围	0～360°	
响应灵敏度	0.5 m/s(30 度偏角)	
工作电源	DC 5 V	
分辨率	3°	
精确度	±5°	
输出	7 位格雷码	DC 5 V 输出
抗风强度	75 m/s	
工作环境	−40～60 ℃、0～100%RH	
风速		
测量范围	0～60 m/s	
分辨率	0.05 m/s	

续表

参数	指标	说明
起动风速	不大于 0.3 m/s	
精度	±0.3 m/s(风速小于 10 m/s 时) ±3 m/s(风速大于 10 m/s 时)	
抗风强度	75 m/s	
距离常数	2.0 m	
传感器输出	0～1221 Hz 方波	
特性	线性	
工作电源	DC 5 V	
电连接	Binder5 芯电缆	
工作温度	−40～+60 ℃	
尺寸与重量	226(h)70(φ)mm;1000 g	
杯轮扫描直径	319 mm	

3.4.4.3 接线图

风传感器接线图如图 3.11 所示。

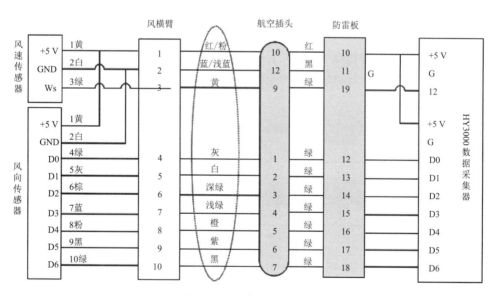

图 3.11　风传感器接线图

3.4.4.4 风速设备安装

(1)风杯安装

拧松位于风速传感器顶部的圆顶螺母,取下垫片,留下橡胶垫圈。将风杯置于传感器顶部,并将风杯中部的销钉插入位于传感器顶部的销孔内,然后垫上垫圈拧紧螺母。注意:拧紧时应手握传感器,不要握风杯。

（2）风速传感器安装

风速传感器安装在位于风横臂一端的一根外径为 48 mm 长 50 mm 的短管上。因传感器由下部的插头接电，所以管子的内径为 36 mm。完成电气连接后，把传感器装入短管上，并拧紧紧固侧顶螺丝。

3.4.4.5　风向设备安装

（1）风向标安装

拧松位于风向传感器顶部的圆顶螺母，留下橡胶垫圈。将风向标置于传感器顶部，并将风向标中部的销钉插入位于传感器顶部的销孔内，然后拧紧螺母。注意：拧紧时应手握传感器，不要握风向标。

（2）风向传感器安装

风向传感器安装在位于风横臂一端的一根外径为 48 mm 长 50 mm 的短管上。因传感器由下部的插头接电，所以管子的内径为至少 38 mm。完成电气连接后，把传感器装入短管上，调整"N"指向正北方向，并拧紧紧固侧顶螺丝。

3.4.5　雨量传感器 SL3-1

3.4.5.1　概述

SL3-1 双翻斗雨量传感器由承水器、漏斗、上翻斗、汇集漏斗、计量翻斗、计数翻斗和干簧管组成（图 3.12）。

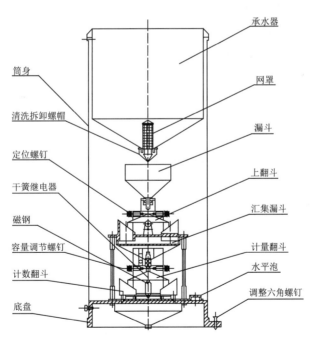

图 3.12　双翻斗雨量传感器组成结构

雨水由承水器汇集后经漏斗进入上翻斗，累积到一定量时，本身重量使上翻斗翻转，水进入汇集漏斗。降水从汇集漏斗的节流管注入计量翻斗时，把不同强度的自然降水调节成较均匀的降水，减少由于降水强度不同导致的测量误差。计量翻斗承接的水相当于 0.1 mm 降水量时,把水翻倒入计数翻斗,使计数翻斗翻转一次。计数翻斗上的磁钢对干簧管扫描一次。磁簧开关因磁化瞬间闭合一次,输出一个计数脉冲,相当于 0.1 mm 的降水量。

3.4.5.2　技术指标

雨量传感器技术指标见表 3.11。

表 3.11　雨量传感器技术指标

参数	指标
承水口径	$\varnothing$200 mm
环境温度	0～60 ℃
分辨率	0.1 mm
测量范围	0～4 mm/min
测量允许误差	±4%
输出信号	脉冲(一脉冲＝0.1 mm 降水)

3.4.5.3　设备安装

(1)固定传感器在支架上,六个螺钉分别紧固;

(2)承水器口径要求水平;

(3)取出翻斗(从包装盒内),小心放在翻斗支撑点上,轻轻拨动使其可正常翻转;

(4)将小滤网安放在集水器中,要放正;

(5)把雨量外筒重新套上,注意将大滤网放正;

(6)将传感器信号线安装在采集器上;

(7)安装时要通过双螺母作水平调整。

3.4.6　HY-V35 型能见度传感器

3.4.6.1　概述

能见度是气象观测的常规项目,是反映大气浑浊程度的一个光学指标,是表征近地表大气透明程度的一个重要物理量,并可以在特定条件下分析空气污染的程度。对航空、航海、陆上交通、目标探测和识别以及军事活动都有重要的影响。在气象学中,能见度是识别气团特性的重要参数之一,代表当时的大气光学状态,和天气的变化有紧密的关系。在天气预报和环境监测上都有实际意义。

3.4.6.2　技术指标

能见度测量参数见表 3.12。

表 3.12　能见度测量参数

性能	描述
测量范围 MOR	10～35000 m
精度	±10%,10～10000 m　±15%,10～35 km
仪器一致性	+5%
时间常数	60 s
更新间隔	15 s

3.4.6.3　工作原理

HY-V35 前向散射式能见度仪由发射器、接收器、电源、控制器和机架等部分组成。发射器装置由红外线 LED、控制和触发电路、红外线强度传感器(光二极管)和反向散射信号强度传感器(光二极管)组成。变送器装置以 2 kHz 的频率使红外线 LED 产生脉冲波。光二极管监控发射光强度,测量的变送器强度用于自动使红外线 LED 的强度保持为预设值。LED 反馈电压由 CPU 监控,以获取有关红外线 LED 的老化情况和可能的缺陷的信息。反馈回路对红外线 LED 的温度和老化效应进行补偿。另一方面,主动补偿会略微加速红外线 LED 老化。因此,初始 LED 电流设置为一个值,这可确保装置运行几年而无需维护。额外的光二极管测量从镜头、其他对象或污染物向后散射的光,此信号也由 CPU 监控。

光接收器由 PIN 光二极管、前置放大器、电压—频率转换器、反向散射测量光源 LED 以及一些控制和定时电子器件组成。接收 PIN 光二极管检测从采样空气柱内悬浮颗粒散射且被镜头聚焦(特定方向的散射光)的光脉冲。信号电压由与变送器同步的相敏锁定放大器进行过滤和检测。大于 30 kcd/m² 的环境光照水平不会影响光二极管的检测,也不会使前置放大器饱和。

发射器通过红外发光管,产生红外光通过镜头在大气中形成接近平行的光柱。接收器将采样区内大气的特定方向的前向散射光汇集到光电传感器的接收面上,并将其转换为与大气能见度成反比关系的电信号。此信号经处理后送至控制器的数据采集板。经 CPU 取样和计算得到采样区内大气的特定方向的前向散射光的强度值,由此估算出总的散射量(与仪器的结构决定的采样角度有关),从而得到透过量,由此计算得到大气能见度的值。

3.4.6.4　接入方式

能见度观测可以根据应用需求的不同选择不同的两种接入方式,即:直接接入式和独立系统方式。

通过 RS232 串口通信方式,直接把能见度观测数据接入到主采集器中。

采用独立的分系统结构设计方式,配置单独的采集器进行数据采集处理,并通过串口服务器直接接入终端业务软件系统。

3.4.7　供电单元

3.4.7.1　概述

新型站供电单元采用交流供电方式,由电源控制器、防雷器、开关及蓄电池四部分组成(图3.13)。

(1)电源控制器

用于将交流输入转换为直流输出,并为电池充电,充电过程中带有控制功能,防止过充与过放现象发生。

输出电压:13.8 V,输出电流:2 A。

(2)防雷器

防雷器也叫浪涌保护器,是一种为各种电子设备、仪器仪表、通信线路提供安全防护的电子装置。当电气回路或者通信线路中因为外界的干扰突然产生尖峰电流或者电压时,浪涌保护器能在极短的时间内导通分流,从而对自动站系统进行保护。

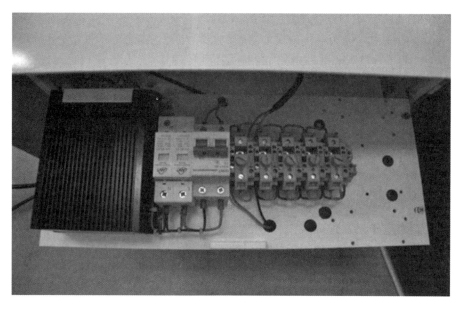

图 3.13 供电系统实物图

（3）开关

开关分为空气开关和刀片开关两个部分。

空气开关为交流输入的开关，控制交流供电的通断。需要注意的是，切断空气开关仅断开了交流电与电源控制器的输出，并不能彻底为自动站断电，因为此时电池仍在持续为自动站系统供电。

刀片开关为直流电源开关，控制电源控制器的直流输出与电池的输出，切断该开关，将断开整个自动站的供电（图 3.14）。

3.4.7.2 工作流程

市电通过空气开关控制接入供电单元，首先并联一个电源避雷器，然后接到电源模块的交流输入端，由电源模块将 220 V 交流电转换为 13.8 V 直流电后供自动站所有设备工作，同时给蓄电池充电（图 3.15）。

3.4.8 系统通信

DZZ5 型自动气象站的数据通信系统，根据实际使用需求可以采用不同的数据通信方式。可以采用串口通信方式、光纤通信方式、串口服务器通信方式和无线数据通信方式四种通信方式中的一种。

（1）直接通过串口连接的方式，并配置长线电缆，实现采集器与终端计算机之间数据传输通讯。

在采集器端和终端计算机端，分别配置串口隔离驱动器，提高串口的长线通信能力，实现采集器与终端计算机之间的直连。

（2）通过光纤连接方式，并配置光纤，实现采集器与终端计算机之间数据传输通信。

（3）通过串口通信服务器的连接方式，并配置光缆，实现采集器与终端计算机之间数据传

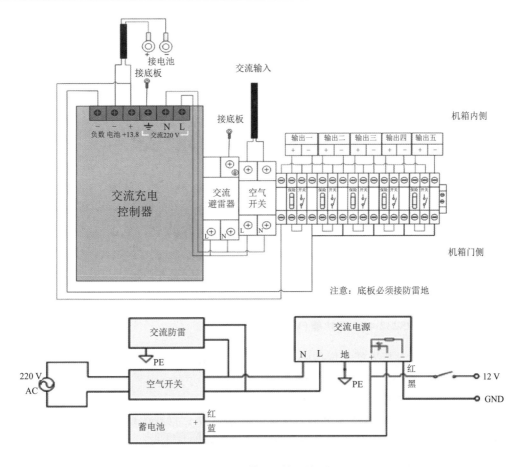

图 3.14　供电系统连线图

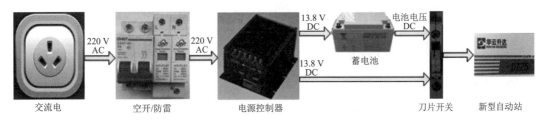

图 3.15　供电系统工作流程

输通信。

3.5　参数设置及命令

3.5.1　设置或读取 RS232-2 串口功能（RAWMODE）

作用：RS232-2 通信口可以作为辅助通信口，或者作为称重雨量/雪深传感器的接入口，通过该命令进行设置。

命令符：RAWMODE，参数 1/0。

其中,参数 0 为设置 RS232-2 为辅助通信口(默认设置),参数 1 为设置 RS232-2 接入称重雨量/雪深传感器。

波特率固定为 9600 N 8 1。

示例:若设置 RS232-2 为普通串口,键入命令:RAWMODE 0。

返回值:<F>表示设置失败,<T>表示设置成功。

若查看当前 RS232-2 工作模式,键入命令:RAWMODE。

返回值:<0>。

3.5.2 设置或读取 RS232-3 串口功能(SNOWMODE)

作用:RS232-3 口可以做为固态降水接入口,可通过该命令进行设置。

命令符:RAWMODE,参数 1。

波特率固定为 9600 N 8 1。

示例:若设置 RS232-3 接入雪深传感器,键入命令为:RAWMODE 1。

返回值:<F>表示设置失败,<T>表示设置成功。

3.5.3 设置或读取 RS232-4 串口功能(VISITYPE)

作用:RS232-4 口是接入能见度传感器的接口,目前能见度定型设备共有三种。因此当接入能见度传感器时,需要针对性地进行设置。

命令符:VISITYPE,参数 0/1/2/3。

其中,参数 0 为接入 DNQ1 系列能见度波特率 9600 7 E 1(默认设置),参数 1 为接入凯迈 CJY 能见度波特率 9600 7 O 1;参数 2 为接入安徽蓝盾能见度 DNZ2 波特率 4800 8 N 1,参考协议"DNQ2 能见度仪通信协议 K8(简). DOC";参数 3 为接入安徽蓝盾能见度 DNZ2 波特率 9600 8 N 1,参考协议"DNQ2 能见度仪通信协议 C12(简). DOC"。

示例:若设置 RS232-4 接入 DNQ1 系列能见度,键入命令为:VISITYPE 0。

返回值:<F>表示设置失败,<T>表示设置成功。

若读取当前 RS232-4 接入能见度类型,键入命令:VISITYPE。

返回值:<0>。

3.5.4 设置或读取 RS232-5 串口功能(AIRPTYPE)

作用:RS232-5 口是接入气压传感器,目前可使用的气压传感器有不同的通信参数(表 3.13)。因此,需要针对气压传感器做专门的设置。绝大多数情况下,该命令要设置为 AIRP-TYPE 4。下面是具体的命令说明:

命令符:AIRPTYPE,参数 0/1/2/3/4/5。

系统默认工作在模式 0 方式。

示例:若设置 RS232-5 接入 PTB210 气压传感器并且工作模式 4,键入命令为:AIRP-TYPE 4。

返回值:<F>表示设置失败,<T>表示设置成功。

若读取当前 RS232-5 工作模式,键入命令:AIRPTYPE。

返回值:<0>。

表 3.13　RS232-5 工作模式及对应传感器设置

传感器工作模式及对应传感器	波特率	参数设置
发送 P 获取数据	9600 7 E 1	AIRPTYPE 0
发送 P 获取数据	9600 7 E 1	AIRPTYPE 1
发送 P 获取数据	2400 8 N 1	AIRPTYPE 2
发送 P 获取数据	2400 8 N 1	AIRPTYPE 3
发送 P 获取数据	9600 8 N 1	AIRPTYPE 4
发送 P 获取数据	9600 8 N 1	AIRPTYPE 5

3.5.5　设置或读取采样数据保存功能(SAMPLESAVE)

命令符:SAMPLESAVE XXX。

若保存串口通信数据,可设置 XXX 为 COM0、COM1、COM2、COM3、COM4。

其中 COM"X"与 HY3000 面板对应关系如下:COM1:RS232-2,COM2:RS232-3,COM3:RS232-4,COM4:RS232-5。

参数:打开或者关闭采样数据保存。用"0"或"1"表示,"1"表示存储开启,"0"表示存储关闭。

示例:若打开 COM0 原始接收数据保存功能,键入 SAMPLESAVE COM0 1。

返回值:<F>表示设置失败,<T>表示设置成功。

注:串口通信原始数据保存路径:cf 卡/data/站点号/YYYYMM/uartsave。

3.5.6　打开串口透传功能(OPENCOM)

命令符:OPENCOM COM"X"。

参数:透传的串口设备参数 COM"X"。

示例:若打开 RS232-5 串口透传功能,键入命令:OPENCOM COM4。

返回值:<F>表示设置失败,<T>表示设置成功。

3.5.7　关闭串口透传功能(CLOSECOM)

命令符:CLOSECOM　　参数:无。

示例:若关闭串口透传功能,键入命令:CLOSECOM。

返回值:<F>表示设置失败,<T>表示设置成功。

3.5.8　设置或读取传感器参数修正(MODIFY)

命令符:MODIFY XXX。

示例:查看雪深修正系数 MODIFY SD。

返回值格式举例:0 1 0 1 0。其中最后 2 个数据位修正参数 a、b 值。

若设置雪深修正参数为 0.10,发送命令:MODIFY SD 0 1 0 0.10。

则采集程序会对接收到的雪深值 x 做如下换算 $y = \mathrm{int}(0.1x+0)$。等于缩小 10 倍再四舍五入。

DZZ5 新型站传感器标识符如表 3.14 所示。

表 3.14 DZZ5 新型站传感器标识符

序号	传感器名称	传感器标识符(XXX)	序号	传感器名称	传感器标识符(XXX)
1	气压	P	11	15 cm 地温	ST3
2	百叶箱气温	T0	12	20 cm 地温	ST4
3	湿敏电容传感器或露点仪	U	13	40 cm 地温	ST5
4	风向	WD	14	80 cm 地温	ST6
5	风速	WS	15	160 cm 地温	ST7
6	降水量(翻斗式或容栅式)	RAT	16	320 cm 地温	ST8
7	草面温度	TG	17	蒸发量	LE
8	地表温度	ST0	18	能见度	VI
9	5 cm 地温	ST1	19	天气现象	WW
10	10 cm 地温	ST2			

3.5.9 设置系统参数复位(RESETTOFACTORY)

命令符:RESETTOFACTORY。

示例:若设置系统参数复位,键入命令为:RESETTOFACTORY。

返回值:<F>表示设置失败,<T>表示设置成功。

3.5.10 读取主采集器的实时观测数据(OBSAMPLE MAIN)

命令符:OBSAMPLE MAIN。

参数:无。返回主采集器当前的实时采样数据。

示例:若读取当前主采集器实时采样数据,键入命令:OBSAMPLE MAIN。

返回值:<17:56:04 P:1001.2 T0:−0.09 U:20 WD:320 WS:0.9 LE:12.34 RAT:0.3 SUM:1.2 RAW:0.3 SUM 1.2 VI:11211 SD:2 DOOR:1 MBTEMP:27.7 POWER:11.5>(表 3.15)。

表 3.15 主采集器实时数据格式

序号	要素	格式单位	注释
1	时间	HH:MM:SS	
2	气压	P:1001.2 hPa	若传感器异常用/表示
3	温度	T0:−0.09 ℃	若传感器异常用/表示
4	湿度	U:20%	若传感器异常用/表示
5	风向	WD:320°	若传感器异常用/表示
6	风速	WS:0.9 m/s	若传感器异常用/表示
7	蒸发水位	LE:12.34 mm	若传感器异常用/表示
8	分钟翻斗雨量	RAT:0.3 mm	若传感器异常用/表示
9	小时翻斗雨量	SUM:1.2 mm	若传感器异常用/表示

序号	要素	格式单位	注释
10	分钟称重雨量	RAW:0.3 mm	若传感器异常用/表示
11	小时称重雨量	SUM:1.2 mm	若传感器异常用/表示
12	能见度	VI:11211 m	若传感器异常用/表示
13	雪深	SD:2 mm	若传感器异常用/表示
14	机箱门状态	DOOR:1(1:闭合 0:打开)	若传感器异常用/表示
15	主板温度	MBTEMP:27.7 ℃	若传感器异常用/表示
16	电源电压	POWER:11.5 V	若传感器异常用/表示

3.5.11　读取地温分采集器实时观测数据(OBSAMPLE EATH)

命令符:OBSAMPLE EATH。

参数:无。返回地温采集器当前的实时采样数据。

示例:若读取当前地温采集器实时采样数据,键入命令:OBSAMPLE EATH。

返回值:<18:13:42 TG:11.11 ST0:11.11 ST1:11.11 ST2:11.11 ST3:11.11 ST4:
11.11 ST5:11.11 ST6:11.11 ST7:11.11 ST8:11.11MBTEMP:21.9 POWER:13.7>(表
3.16)。

表 3.16　地温分采集器实时数据格式

序号	要素	格式单位	注释
1	时间	HH:MM:SS	
2	草温	TG:11.11 ℃	若传感器异常用/表示
3	地表温度	ST0:11.11 ℃	若传感器异常用/表示
4	5 cm 地温	ST1:11.11 ℃	若传感器异常用/表示
5	10 cm 地温	ST2:11.11 ℃	若传感器异常用/表示
6	15 cm 地温	ST3:11.11 ℃	若传感器异常用/表示
7	20 cm 地温	ST4:11.11 ℃	若传感器异常用/表示
8	40 cm 地温	ST5:11.11 ℃	若传感器异常用/表示
9	80 cm 地温	ST6:11.11 ℃	若传感器异常用/表示
10	160 cm 地温	ST7:11.11 ℃	若传感器异常用/表示
11	320 cm 地温	ST8:11.11 ℃	若传感器异常用/表示
12	主板温度	MBTEMP:21.9 ℃	若传感器异常用/表示
13	电源电压	POWER:13.7 V	若传感器异常用/表示

第4章　外接控制器

4.1　气温降水多传感器标准控制器

4.1.1　概述

(1)温湿雨分采集器硬件采用集成化设计,具备三个温度采集接口、一个湿度采集接口和三个雨量采集接口,同时配备 RS-232 串口和 CAN 总线接口。系统程序下载采用专用配置工具,以工程文件的方式自动生成采集器配置参数,通过 RS-232 串口下载至采集器,实现程序更新。数据采集器按照新型站标准对象字典格式将实时数据通过 CAN 总线以 PDO 包形式上报给新型站主采集器(图 4.1、图 4.2)。

(2)模拟量采集接口:包括温度和湿度两种模拟量的采集。其中温度接口可以接入三支PT100 气温传感器;湿度接口可以接入一个湿敏电容湿度传感器。

(3)数字采集接口:雨量采集接口可接入三个翻斗式雨量信号。

(4)RS232 接口:5 路,以航空插头或接线端子作为接口。

(5)CAN 接口:1 路,以航空插头或接线端子作为接口,可以和主采集器进行分布式连接。

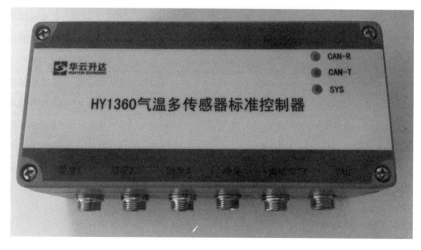

图 4.1　HY1360 气温多传感器标准控制器

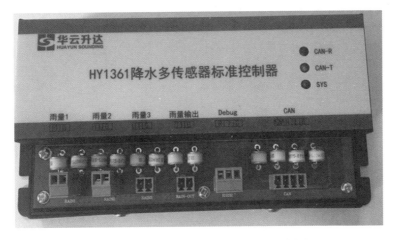

图 4.2　HY1361 降水多传感器标准控制器

4.1.2　技术指标

4.1.2.1　系统硬件技术指标

电源：6～18 V 输入。

工作温度：工业级－40～80 ℃。

处理器：Cortex-M3 内核,32 位处理器。

SDRAM 存储器：64 KB。

Flash：512 KB。

串行 Flash 存储器：16 MB。

存储卡：内置 2 G TF 存储卡,可以保证 1 年分钟数据和 1 年小时数据的存储。

通信接口：CAN2.0 接口 1 个;RS232 接口 5 个;温度传感器接口 3 个;湿度传感器接口 1 个;翻斗雨量传感器接口 3 个。

时钟精度：误差小于 15 秒/月。

4.1.2.2　测量部分技术指标

AD 分辨率：24 位。

通道容量：3 温度、1 湿度、3 雨量。

4.1.2.3　电气技术指标

电源输入电压：输入电压 7～15 V,额定 12 V。

电压分布结构：3.3 V±1%,5 V±1%。

整机功耗：24 mW。

4.1.3　组成结构

4.1.3.1　气温多传感器控制系统

气温多传感器标准控制系统包括:三支气温传感器、气温多传感器标准控制器等,三支气温传感器采集的气温观测数据进入气温多传感器标准控制器,通过标准控制算法和监控算法实现多传感器数据计算为标准值。温湿度传感器采用 8 芯 HMP155 线缆(图 4.3)。

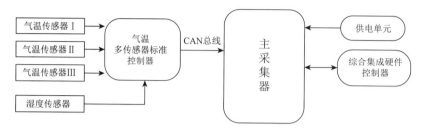

图 4.3　温湿多传感器结构示意

结合业务现状考虑,气温多传感器标准控制器选取气温传感器 I 的测量结果作为业务主用数据源,气温传感器 II 和 III 的测量结果作为热备份数据源,将三个传感器的测量结果与标准值进行对比,如超出阈值±0.3 ℃,输出相应状态码,观测业务软件自动报警,并提示需要检查异常气温传感器。当现用气温传感器异常,标准控制器可自动切换至下一个状态正常的热备份气温数据源,切换顺序为气温传感器 I、II、III、I 依次切换,根据气温数据源形成气温传输值序列,若标准值缺测,或三支温度传感器均超出阈值,则传输值记为缺测,并输出相应状态码。

HMP155 线缆定义:1＝PT100(白),2＝湿度信号输出 0.1 V(棕),3＝PT100(绿),4＝PT100(黄),5＝PT100(灰),6＝信号地(粉红),7＝电源正(蓝),8＝电源地(红)(图 4.4)。

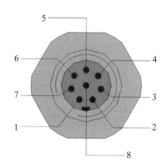

图 4.4　HMP155 线缆

4.1.3.2　降水多传感器控制系统

降水多传感器标准控制系统包括:三个翻斗式雨量传感器、降水多传感器标准控制器等,三个翻斗式雨量传感器采集的降水观测数据进入降水多传感器标准控制器,通过标准控制算法和监控算法实现多传感器数据计算为标准值(图 4.5)。

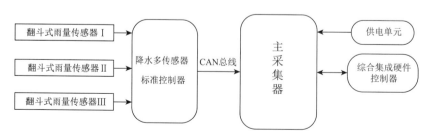

图 4.5　降水多传感器结构示意

结合业务现状考虑,降水多传感器标准控制器选取翻斗雨量传感器 I 的测量结果作为业务主用数据源,雨量传感器 II 或 III 号的测量结果作为热备份数据源,在整点将三个传感器的小时累积降水量测量结果与标准值数据进行对比,若超出阈值±0.4 mm(≤10 mm)或±4%(>10 mm),输出相应状态码,观测业务软件端可实现自动报警,并提示需要检查异常雨量传感器。

4.1.4　设备安装

4.1.4.1　接线图

设备接线图如图 4.6、图 4.7 所示。

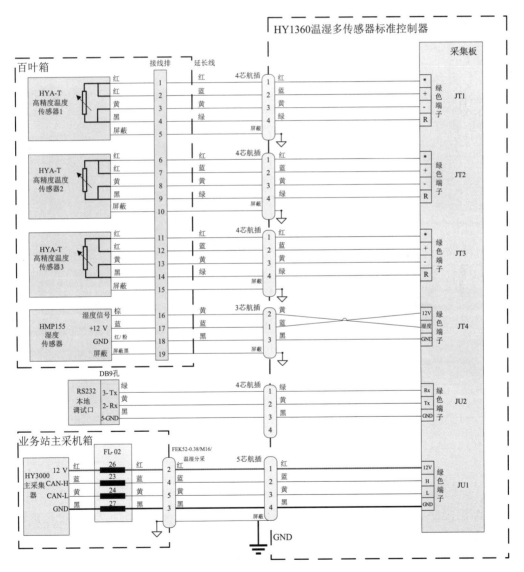

图 4.6　HY1360 温湿多传感器接线图

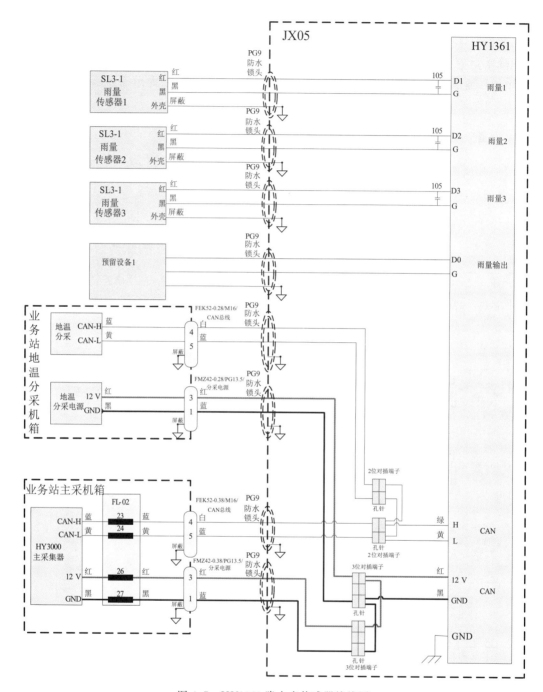

图 4.7 HY1361 降水多传感器接线图

组装新温湿度支架,在新温湿度支架上安装三支新的温度传感器与原站的湿度传感器,安装时需注意安装布局。

在百叶箱内正中位置安装温湿度传感器支架,支架上开有 8 个孔,3 支气温传感器安装在支架上的正东、正北、正南(其中正东为气温传感器Ⅰ,正北为气温传感器Ⅱ,正南为气温传感器Ⅲ),原站湿度传感器安装在支架上的正西。原站的温度传感器安装在东南或者东北方向,但注意不要断开正在使用的湿度信号线(图 4.8)。

如需增加备份气温、湿度传感器,可安装在东北、东南、西北、西南四个方位,备份湿度安装在西南或西北,备份气温安装在东南或东北。

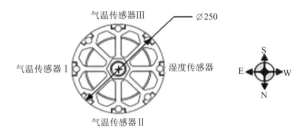

图 4.8　温湿度支架上传感器布局示意

4.1.4.2　调试及命令

(1)获取气温多传感器标准控制器实时数据命令(OBSAMPLETAIR)

发送命令:OBSAMPLE TAIR(回车换行)。

返回:<18:13:42 T1:11.11 T2:11.11 T3:11.11 U:15 MBTEMP:21.9 POWER:11.5>(表 4.1)。

(2)获取降水多传感器标准控制器实时数据命令(OBSAMPLERAIN)

发送命令:OBSAMPLE RAIN(回车换行)。

返回:<18:13:42 RAT1:0.1 RAT2:0.1 RAT3:0.1 MBTEMP:21.9 POWER:11.5>(表 4.2)。

表 4.1　气温多传感器标准控制器实时数据格式

序号	要素	格式单位	注释
1	时间	HH:MM:SS	
2	第一温度传感器温度	T1:11.11 ℃	若传感器异常用/表示
3	第二温度传感器温度	T2:11.11 ℃	若传感器异常用/表示
4	第三温度传感器温度	T3:11.11 ℃	若传感器异常用/表示
5	湿度传感器湿度	U:15%	若传感器异常用/表示
6	主板温度	MBTEMP:21.9 ℃	若传感器异常用/表示
7	电源电压	POWER:13.7 V	若传感器异常用/表示

表 4.2　降水多传感器标准控制器实时数据格式

序号	要素	格式单位	注释
1	时间	HH:MM:SS	
2	第一雨量传感器值	RAT1:0.1 mm	若传感器异常用/表示
3	第一雨量传感器值	RAT2:0.1 mm	若传感器异常用/表示
4	第一雨量传感器值	RAT3:0.1 mm	若传感器异常用/表示
5	主板温度	MBTEMP:21.9 ℃	若传感器异常用/表示
6	电源电压	POWER:13.7 V	若传感器异常用/表示

4.2 综合集成硬件控制器

4.2.1 概述

随着气象探测技术的不断进步和地面观测自动化的蓬勃发展,特别是近年来多种新型观测设备的广泛建设,在地面观测能力显著提升的同时也暴露出许多问题,主要体现在"四多"(通信线路多、终端设备多、软件系统多、数据标准多)和"四低"(系统可靠性低、利用率低、可维护性低、可扩展性低)等方面。

ISOS-HC/A 型(DPZ1 型)综合集成硬件控制器高度集成多串口通信、信号转换、光电隔离、数据转换和光电转换(光猫)等功能模块,通过光纤将采用不同通信方式的多个设备数据进行远距离传输,有效解决了气象业务台站原有观测系统"四多"和"四低"的实际问题,满足业务发展的要求。

多串口通信、信号转换、光电隔离、数据转换和光电转换(光猫)等功能高度集成在一起,设备安装方便、连接简单集成度高。具有 8 路可插拔 RS-232/485/422 接口模块,用户可根据实际需求灵活设置每路接口的灵活通信方式。可根据台站非数据字典格式的设备开发数据转换模块,完成观测设备固定数据格式到数据字典格式的转换,方便设备快速接入 ISOS 软件。军工级的元器件筛选及生产工艺,保证仪器稳定运行的高可靠性。

4.2.2 技术指标

综合集成硬件控制器技术指标如表 4.3 所示。

表 4.3 技术指标

序号	参数	技术指标
1	通信波特率	115200、57600、38400、19200、9600、4800、2400(初始默认 9600)
2	通信接口	8 个可插拔 RS-232/485/422 接口(采用 5 位接线端子,初始默认 RS-232) 4 个 RJ45 接口(其中 1 个为 8 串口转以太网接口,3 个为以太网转光纤接口) 1 组 ST 光纤收发接口(支持 1300 nm 多模光纤) 1 个 RS-232 DB9 母口(调试口) 1 个 USB 母口(B 型)(调试口) 1 个 USB 母口(A 型)(预留) SD 卡插槽(数据存储)
3	指示灯	2 个电源指示灯 7 个状态指示灯 8 个 RS-232/485/422 接口通信指示灯 2 组 ST 光纤收发接口通信指示灯(通信控制模块和光电转换模块)
4	按键	1 个系统复位按键 1 个恢复出厂设置按键
5	通信距离	内部集成了光纤接口,室内配备以太网光纤转换器实现 100Base-Tx(RJ45)和 100Base-FX(光纤信号)的转换 最大有线传输距离:≥500 m

续表

序号	参数	技术指标
6	通信防雷	内部采用光电隔离和浪涌保护,可抑制电磁干扰
7	供电电源	单向交流 220 V(50 Hz)±10%
8	蓄电池	12 V 38 AH,保证综合集成硬件控制器在无外电情况下可正常工作 24 h 以上
9	设备可靠性和可维护性	平均故障间隔时间(MTBF)≥8000 h 平均修复时间(MTTR)≤0.5 h
10	整机功耗	<8 W
11	环境适应性	工作环境温度:-40～+60 ℃ 相对湿度:10%～95% 抗降水:≤300 mm/h,抗风:风速≤30 m/s 防尘防水:IP65

4.2.3　设备组成

ISOS-HC/A 型综合集成硬件控制器由通信控制模块、光电转换模块(光猫)、电源控制器、空气开关、交流防雷模块、机箱和立柱等部件组成(图 4.9)。

4.2.3.1　通信控制模块

(1)通信控制模块放置在机箱内,采用 DC 9～15 V 供电,具有 8 个可手动插拔的 RS-232/485/422 接头,4 个 RJ45 接口(其中 1 个为 8 串口转以太网接口,3 个为以太网光纤转换接口),1 组光纤收发接口(支持 1300 nm 多模光纤),1 个 RS-232 调试接口,2 个 USB 接口和 1 个 SD 卡插槽(图 4.10)。

(2)通信控制模块供电及网络通信传输接口如图 4.11 所示。

(3)通信控制模块面板配置有电源、光纤通信和串口通信状态等指示灯以及系统复位和恢复出厂设置按键,便于用户对设备工作和各通信接口的数据传输状态进行检查(图 4.12,表 4.4)。

表 4.4　通信控制模块面板说明

序号	面板标识	功能描述
①	PWR1	电源指示灯,设备正常工作时常亮
②	PWR2	电源指示灯,设备正常工作时常亮
③	L1	设备启用正常运行后闪烁,系统启动指示灯
	L7	恢复出厂设置指示灯,恢复出厂设置成功后闪烁 1 次
④	Tx	光纤数据发送指示灯,通信正常时常亮
	Rx	光纤数据接收指示灯,通信正常时闪烁
⑤	R	串口数据接收指示灯,有数据传输时闪烁
	T	串口数据发送指示灯,有数据传输时闪烁
⑥	Reset	系统复位按键,长按 1 s 系统重启
	Default	恢复出厂设置按键,长按 5 s 恢复出厂设置成功

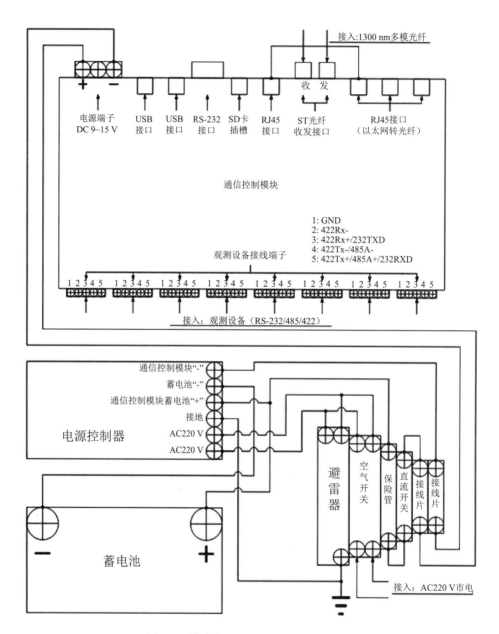

图 4.9　综合集成硬件控制器机箱接线图

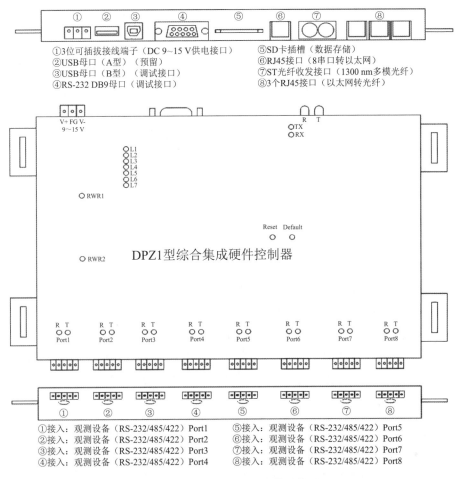

①3位可插拔接线端子（DC 9~15 V供电接口）　⑤SD卡插槽（数据存储）
②USB母口（A型）（预留）　　　　　　　　　⑥RJ45接口（8串口转以太网）
③USB母口（B型）（调试接口）　　　　　　　⑦ST光纤收发接口（1300 nm多模光纤）
④RS-232 DB9母口（调试接口）　　　　　　　⑧3个RJ45接口（以太网转光纤）

①接入：观测设备（RS-232/485/422）Port1　　⑤接入：观测设备（RS-232/485/422）Port5
②接入：观测设备（RS-232/485/422）Port2　　⑥接入：观测设备（RS-232/485/422）Port6
③接入：观测设备（RS-232/485/422）Port3　　⑦接入：观测设备（RS-232/485/422）Port7
④接入：观测设备（RS-232/485/422）Port4　　⑧接入：观测设备（RS-232/485/422）Port8

图 4.10　应用接口面板操作及指示

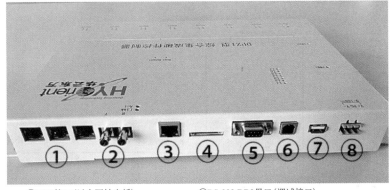

①RJ45接口(以太网转光纤)　　　　　　　　⑤RS-232 DB9母口(调试接口)
②ST光纤收发接口(1300 nm多模接口)　　　　⑥USB母口(B型)(调试接口)
③RJ45接口(8串口转以太网)　　　　　　　　⑦USB母口(A型)(预留)
④SD卡插槽(数据存储)　　　　　　　　　　⑧3位可插拔接线端子(DC 9~15 V供电接口)

图 4.11　通信控制模块接口(实物图)

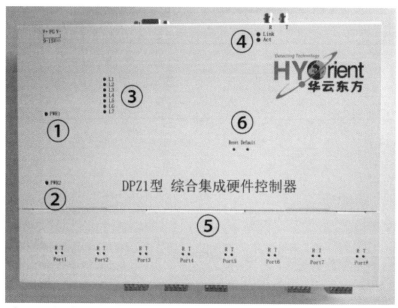

①PWR1：电源指示灯 　④Tx：光纤数据发送指示灯 　⑥Reset：系统复位按键
②PWR2：电源指示灯 　　Rx：光纤数据接收指示灯 　　Default：恢复出厂设置按键
③L1：系统启动指示灯 　⑤R：串口数据接收指示灯
　L7：恢复出厂设置指示灯 　L：串口数据发送指示灯

图 4.12　通信控制模块面板介绍（实物图）

4.2.3.2　可插拔 RS-232/485/422 接头

可插拔 RS-232/485/422 接头支持三种串行通信方式的动态切换，可灵活配置，并可手动拔插，同时在内部继承了串口隔离保护器，采用光电隔离，使得设备与系统之间只有光传送，没有电接触，可抑制干扰和浪涌（图 4.13）。

用户可根据实际使用情况灵活以 RS-232/485/422 模式接入，通信线接口说明如表 4.5 所示。

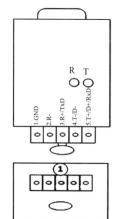

①RS-232 DB9公口（与主板连接）　①接入：观测设备（RS-232/485/422）

图 4.13　可插拔 RS-232/485/422 接头（平面图）

表 4.5　可插拔 RS-232/485/422 接头说明

脚号	定义
1	GND
2	422Rx−
3	422Rx+/232TxD
4	422Tx−/485 A−
5	422Tx+/485 A+/232RxD

4.2.3.3 光电转换模块（光猫）

光电转换模块（光猫）放置在室内,实现 100Base-Tx（RJ45）和 100Base-FX（光纤信号）的转换,通过光纤与室外通信控制模块连接通信,采用 DC 9～15 V 供电,具有 3 个 RJ45 接口和 1 组 ST 光纤收发接口,平面图如图 4.14 所示。

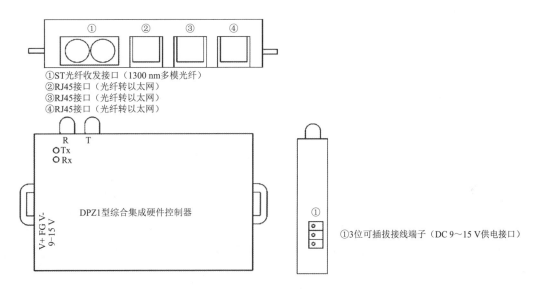

①ST光纤收发接口（1300 nm多模光纤）
②RJ45接口（光纤转以太网）
③RJ45接口（光纤转以太网）
④RJ45接口（光纤转以太网）

①3位可插拔接线端子（DC 9～15 V供电接口）

图 4.14 光电转换模块（平面图）

3 个 RJ45 接口支持 10/100 M、全双工、半双工自适应。光纤接口采用 ST 接头,支持 1300 nm 多模光纤。

4.2.3.4 电源控制器

电源控制器放置在机箱内,为通信控制模块提供稳定的 DC12 V 和给蓄电池充电,并在充电时具有蓄电池过压保护功能,延长蓄电池使用寿命(图 4.15)。

图 4.15 电源控制器

4.2.3.5 空气开关和交流防雷模块

空气开关安装在机箱内,对综合集成硬件控制器发生短路或严重过载及欠电压等进行保护,只要综合集成硬件控制器电路中电流超过额定电流就会自动断开。

交流防雷模块安装在机箱内,保护综合集成硬件控制器免遭雷电冲击波袭击。当沿电源线传入综合集成硬件控制器的雷电冲击波超过交流防雷模块保护水平时,交流防雷模块首先放电,并将雷电流经过良导体安全地引入大地,利用接地装置使雷电压幅值限制在综合集成硬件控制器雷电冲击水平以下,使综合集成硬件控制器受到保护(图 4.16)。

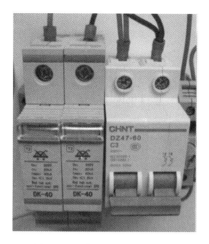

图 4.16 交流防雷模块(左)和空气开关(右)

4.2.4 设备安装

4.2.4.1 硬件安装

用户可根据实际需要选择设备接入计算机的方式,支持以太网直连与光纤传输两种方式。以太网直连方式即用 RJ45 网线将设备的 8 串口转以太网接口与计算机的网口直接连接。光纤接入方式需要将设备上的 8 串口转以太网接口与光纤转以太网的 1 个 RJ45 接口用短网线连接,在设备的光纤收发接口接入 1300 nm 的多模光纤,光纤接入到室内后与计算机端的光电转换模块相连即可。连接时,将两个光纤收发模块的收和发光纤线交叉。

4.2.4.2 驱动程序安装

综合集成硬件控制器驱动软件目前支持 Windows XP、Win7、Windows Server 2008 等 32 位操作系统。

驱动安装主要实现 3 部分功能:一是虚拟串口的安装,安装前计算机注册表未分配 COM11-COM18 串口号时,驱动固定使用 COM11-COM18 8 个串口,若 COM11-COM18 串口已被占用,则自动从最大串口号之后连续分配 8 个串口号;二是两个服务的安装与注册,即 nettocom(由综合集成硬件控制器向主机虚拟串口的数据传送)服务与 comtonet(由主机虚拟串口向综合集成硬件控制器的数据传送)服务;三是综合集成硬件控制器的管理软件安装,用于实现对综合集成硬件控制器的配置管理。

4.2.4.3 安装步骤

驱动安装目录默认为 C 盘→Program Files→Cuit 文件夹(注意:安装前请关闭所有杀毒软件)。双击 setup.exe,在弹出的对话框中依次点击"下一步"→"安装"。

安装过程中会出现 DOS 对话框,此时为系统正在注册服务,请耐心等待,直至弹出"安装完成"对话框,点击确定即完成安装(注意:安装完成后需重启计算机)。

右键点击"我的电脑",选择"管理",点击"设备管理器",在右边窗口中点击"端口(COM 和 LPT)"前的加号,即可查看计算机中的串口信息,若出现 8 个 Virtual Com Serial 则说明安装成功。

4.2.4.4 驱动卸载

(1)双击 setup.exe,在弹出的对话框中选择"除去"。

（2）单击"下一步"，在弹出的对话框中选择"是"。

卸载过程中会出现 DOS 对话框，请耐心等待，弹出"卸载完成"对话框，单击"完成"即可完成卸载（注：卸载完成后需重启计算机）。

4.2.4.5　调试及命令

（1）综合集成硬件控制器配置软件使用说明

综合集成硬件控制器的管理软件启动可通过"开始"→"所有程序"→"cuit"→"CuitVirtu-alCom"→"Setup_VirtualCom.exe"来启动（适用于 Windows XP 系统，Win7 与 Windows Server 2003 操作类似）。

配置软件实现搜索设备 IP、连接设备和对设备进行管理的功能。支持网络信息（如 IP、网关等）的动态配置、串口信息如波特率等的动态配置、历史数据下载和设置用户名密码等功能，方便用户对系统进行远程管理与操作。软件使用可根据提示进行，便于用户操作。

（2）连接设备

在当前设备 IP 地址中输入想要连接的设备 IP 地址，当前设备端口中默认 8000。首次安装驱动时，可点击主界面中的"设定当前 IP"，将主界面中填写的 IP 设置为下次默认连接默认地址，若不点击"设定当前 IP"，则只为当前暂时使用，下次启动配置软件会自动填写之前默认的 IP 号。

点击"连接设备"即可连接到局域网中相应的设备（注意：设备出厂 IP 设置为 192.168.1.1，首次连接设备前请将计算机 IP 设置成与设备在同一网段，即 192.168.1.X，用网线将计算机与设备直连，参照"设备网络信息"部分的说明对设备的 IP 信息进行设置，设置完成即可使用设备）。

在计算机与综合集成硬件控制器网络连接正常情况，点击"连接设备"后会出现用户名和密码对话框，首次连接设备使用设备默认的用户名和密码（用户名：SMOPORT，密码：123456），用户需重新设置用户名和密码，根据提示操作即可，以后登录即使用该用户名和密码。如需更改用户名和密码请单击主界面上的"设置用户密码"，根据提示操作即可。

若计算机与综合集成硬件控制器的网络连接不通，点击"连接设备"后会出现连接服务器失败的对话框，此时应检查综合集成控制硬件控制器的工作状态及到计算机的网线连接情况。也可尝试在计算机上拼综合集成硬件控制器的 IP 地址，查看网络是否联通（开始→运行→在文本框输入 ping x.x.x.x-t）。

综合集成硬件控制器首次连接时，会弹出修改登录信息的对话框，需设置新的用户名和密码，避免被他人登录进行误修改。设置成功后下次再连接设备即需用新的用户名和密码，此对话框不再弹出。若需修改登录信息，可在主配置界面选择"设置用户密码"进行修改。

（3）搜索 IP

点击界面上的搜索设备，默认 IP 搜索范围为本机局域网段；也可手动指定搜索范围，点击界面上的指定搜索 IP 段，则可进行设置。

点击指定搜索 IP 段，在"起始 IP""终止 IP"中输入想要搜索的 IP 段（IP 段的范围可以尽量设置小一些，以便搜索速度更快），点击"开始搜索"，即可开始搜索局域网内的设备。搜索的结果会显示在界面上的文本框内，搜索到合适的设备后点击"停止搜索"，选中需要的设备 IP，点击"返回"，即可完成搜索，选中的 IP 会自动填写到当前设备 IP 地址框内，可直接使用。

（4）设备网络信息

点击"设备网络信息"，该界面可实现网络信息的查询与更改，输入需要的网络配置信息点击"设置设备网络参数"即可完成配置,改变网络信息后需重连系统(注意:首次连接系统请将设备的网络信息设置为与计算机在同一局域网段内,子网掩码和默认网关应与计算机上的设置相同)。

查看与更改计算机网络信息的方式为,进入控制面板,右键点击控制面板中的"网络连接",选择"属性",在弹出的本地连接属性对话框中双击"Internet 协议(TCP/IP)",即可查询到计算机的网络信息并进行更改。

(5)设备串口信息

点击"设备串口信息"可进入串口信息的查询与配置界面。通过下拉按钮选择需要查询或配置的串口号,同样通过下拉按钮设置需要更改的信息,点击"设置当前串口"即可实现相应串口信息的更改,系统在第一次进入串口设置界面和设置成功后会自动执行一次读串口信息操作,系统界面当前显示的状态即为串口的当前状态(图 4.17)。

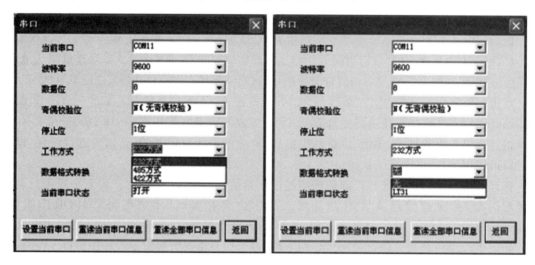

图 4.17　设备串口信息(示例)

若当前串口需数据格式转换功能,可在数据格式转换下拉框内选择当前串口需要转换的设备(目前只支持 LT31 message2 格式转换),选择完成后点击"设置当前串口"即可,如需取消数据格式转换功能,在数据格式转换下拉框内选择"无",点击"设置当前串口"即可。

4.2.5　故障排除

故障排除流程如图 4.18、图 4.19 所示。

(1)检查是否因业务软件错误引起的故障

关闭业务软件,打开串口助手,将波特率参数与观测设备和综合集成硬件控制器设置一致(默认 9600 8 N 1),直接向设备发送合法指令,若应答正常,则说明业务软件存在问题;若无返回数据,则是由综合集成硬件控制器或观测设备故障引起。

(2)查看综合集成硬件控制器网络连通性

打开综合集成硬件控制器管理软件,连接指定 IP 的综合集成硬件控制器,若连接后弹出登录界面,说明网络连接正常。若弹出服务器连接失败对话框,则说明综合集成硬件控制器至业务电脑网络连接出现故障,需检查网线是否连接牢固或光纤传输是否正常。

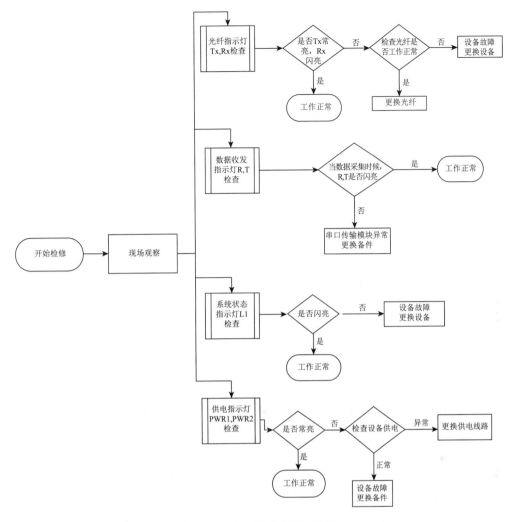

图 4.18　故障检修流程（硬件）

（3）检查综合集成硬件控制器工作状态

根据综合集成硬件控制器通信控制模块的指示灯状态判断综合集成硬件控制器和各观测设备的连接情况。若通信控制模块两个 PWR 灯常亮，表示供电正常，若同时不亮则可能为掉电状态；若只有一个 PWR 灯亮，则设备故障；L1 闪烁表示通信控制模块运行正常，不亮时表示系统未启动，需按复位键或断电重启；查看 Tx 灯是否常亮，以及 Rx 灯是否闪烁，若 Tx 和Rx 灯不亮，表示光纤连接出现问题，需要检查光电转换器及光纤连接。

在综合集成硬件控制器状态指示正常情况下，用笔记本电脑通过网线直接与通信控制模块的 RJ45 接口连接并进行通信，从而判断综合集成硬件控制器传输是否故障。

（4）检查光纤连接及光电转换器是否正常

在室内光电转换器正常工作情况下，可将一台笔记本电脑直接连接到综合集成硬件控制器中通信控制模块的 RJ45 接口，在笔记本电脑上 ping 室内业务电脑 IP（与综合集成硬件控制器连接网卡的 IP），若 ping 通，说明光纤连接及光电转换器工作正常；若 ping 超时，则光纤通信出现故障。

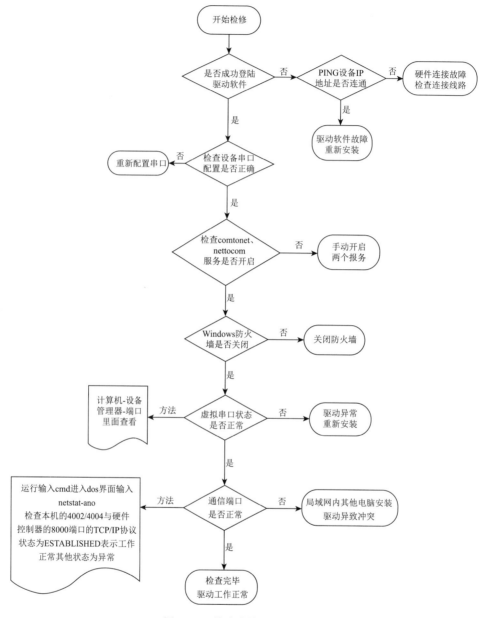

图 4.19　故障检修流程（软件）

4.3　智能传感器

4.3.1　DFC2 型光电式数字日照计

4.3.1.1　概述

　　DFC2 型光电式数字日照计具有 1 W 和 10 W 两档自动加热模式；可根据设置的日出前后温度阈值和加热时长，运行中自动判别加热，除露除霜；无机械转动装置，性能稳定、可长时间独立运行;光电式感应元件,响应速度快,测量速度快,准确度高;数字日照传感器,无需外接采集器;安装方便、操作简单、易于维护的特点。

4.3.1.2 技术指标

DFC2 型光电式数字日照计技术指标见表 4.6。

表 4.6 技术指标

参数	指标
准确度	±10%/月
年稳定性	±5%
光谱范围	400~1100 nm
阈值	直接辐照度 120 W/m²
阈值准确度	±24 W/m²
分钟数据存储容量	6 个月
平均无故障时间	>8000 h
校准周期	1~2 a

4.3.1.3 设备组成

DFC2 型光电式数字日照计主要由光电式数字日照传感器、数据处理单元、供电单元、通信单元、安装附件等部分组成,如图 4.20 所示。

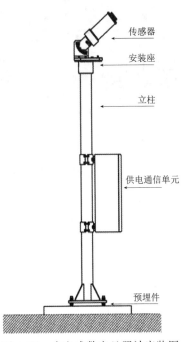

图 4.20 光电式数字日照计安装图

4.3.1.4 设备安装

日照计中心距地高度 150 cm,光学镜筒筒口对准正北,按照当地纬度调节日照计仰角。

调整光筒南北向：精确测定南北线，调整日照计支架底板的方向，使日照计筒口对准正北。到日中时分，将指北针的影子引入沟槽之中，操作方法如图 4.21 所示。

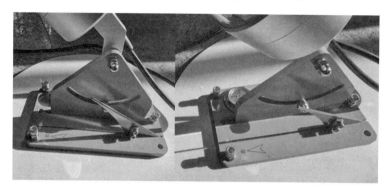

图 4.21 调整指北针影子

调水平：调节水平螺旋，使水平泡位于中央，保证日照计处于水平状态。

对纬度：根据当地的纬度，调节日照计支架，使日照计光筒与水平面的夹角等于当地纬度。例如初始位置刻度为 0，当地纬度 40，则指针移到 40，操作方法如图 4.22 所示。

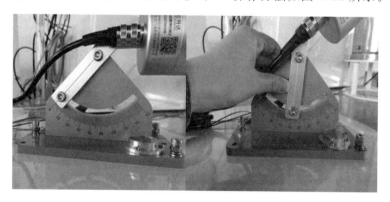

图 4.22 调整刻度线

接线方法如图 4.23 所示，接入串口服务器端线序颜色为 1：黑、3：蓝、5：黄。

4.3.1.5 命令

光电式数字日照计安装完成后，使用地面综合观测业务软件（ISOS）或串口调试工具，设置台站经度、纬度、日期、时间等必要参数。通过 ISOS 业务软件的设备管理菜单—维护终端—日照的处理串口下，发送命令修改日照的相关参数。按照台站号、经度、纬度、通信参数的命令顺序依次发送，进行修改，如果软件接收区收到"T"的反馈信息，表示参数修改成功。

发送命令 READDATA，检查返回内容（表 4.7）是否正常。READDATA：实时读取观测设备数据和状态命令，输出日照实时观测要素和设备状态要素。实时观测要素、设备状态要素采用帧格式输出。

例：在通信终端输入 READDATA 命令，返回值如下。

BG,812345,00,YSDR,000,201501151000000,001,0004,01,AJT,201501150900,AKA,1,AKB,60,AKC,035,0000,z,0,5018,ED(结束标识)

图 4.23　接线图

　　表示 12345 站 2015 年 1 月 15 日 10 时 00 分(北京时)、2015 年 1 月 15 日 09 时 00 分(地平时)的观测要素数据,当前分钟有日照,小时累计日照为 60 min、日累计日照时数为 3.5 h。

表 4.7　光电式数字日照计数据帧格式

起始标识							
BG							
数据包头							
区站号	服务类型	设备 标识位	设备 ID	观测时间	帧标识	观测要素 变量数	设备状态 变量数
6 位字符	2 位数字	YSDR	3 位数字	14 位数字	3 位数字	4 位数字	2 位数字
数据主体							
观测数据和质量控制					状态信息		
要素 变量名 1	要素 变量值 1	要素 变量名 m	要素 变量值 m	质量 控制位	状态 变量名 1	状态 变量值 1	状态 变量名 n	状态 变量值 n
校验码							
4 位数字							
结束标识							
ED							

4.3.1.6　校准

（1）室内校准

校准工具：

日照传感器性能测试设备（积分球）、总辐射表。

校准方法：

以标准总辐射表测量值为依据，将积分球的直接辐射光源输出调节至 120 W/m²（误差 ±2 W/m²），标准总辐射表输出的辐照度值记为 ES。

将标准总辐射表安装在积分球工作台上，调节散射辐射光源功率输出为 200 W/m²（误差 ±10 W/m²）。

将直接辐射光源置于积分球上。

拆下标准总辐射表，将被校准日照计固定在工作台上，调整工作台，使日照计的赤纬 δ 和时角 ω 均为 0°。稳定 5 min 后读取日照计输出的辐照度值，记为 EP。

按式（4.1）计算被校准日照计阈值测量误差 T：

$$T=(EP/ES-1)\times100\%\qquad(4.1)$$

式中，T：被校准日照计阈值测量误差；EP：被校准日照计输出的辐照度值；ES：标准总辐射表输出的辐照度值。

（2）室外校准

将标准直接辐射表安装在太阳跟踪器上，被校准日照计安置在室外平台上，两者距离不超过 5 m。

对数据采集器和日照计进行校时，两者时间差不超过 1 s。

将标准直接辐射表连接数据采集器进行直接辐照度连续测量，测量频率不低于每 10 s 一次。

用计算机连续采集被校准日照计的直接辐照度数据。测量时间内至少包含三个晴天，且仅取日出或日落时间段的数据。测量期间禁止人员靠近测量场地，以免遮蔽或反射日光对测量结果造成影响。

按式（4.2）计算标准直接辐射表的辐照度 S_0：

$$S_0=U/K\qquad(4.2)$$

式中：U：标准直接辐射表的输出电压；K：直接辐射表的灵敏度。

在（120±5）W/m² 范围内寻找相邻的一系列数据计算平均值 S_0，读取相同时间段内被校准日照计的直接辐照度数据计算平均值 S。按式（4.3）计算被校准日照计测量的本组阈值误差 T_i：

$$T_i=(S-S_0)/S_0\times100\%\qquad(4.3)$$

式中，S：被校准日照计直接辐照度数据组的平均值；S_0：标准直接辐射表辐照度数据组的平均值。

按式（4.4）计算阈值误差 T：　　　　　　　　　　　　　　　　　　　　　　　（4.4）

$$T=\frac{1}{n}\sum_{i=1}^{n}T_i\qquad(4.5)$$

式中，n：标准直接辐射表满足（120±5）W/m² 条件的数据组数。

阈值误差 T 应满足 ±20% 的要求，并将校准结果用于被校准日照计；T 超出 ±20% 时应返厂检修。

4.3.2　DSG5 型降水现象仪

4.3.2.1　概述

DSG5 型(HY-P1000 型)降水现象仪是一种采用现代激光技术的光学测量系统。它可以对包括毛毛雨、雨、雪、雨夹雪、冰雹等天气现象进行自动观测与识别。数据的获取和存储通过快速数字化信号处理器完成,并按照预先设定的格式输出。可以测量实现对具有降水天气现象要素自动数据采集、存储、处理和输出的功能;可对粒径 0.2~25 mm、速度 0.2~20 m/s 降水滴谱进行测量;功耗小于 2 W,带低温自动加热功能;现场工作免维护、免调校的特点。

4.3.2.2　技术指标

DSG5 型降水现象仪技术指标见表 4.8。

表 4.8　技术指标

参数	指标
传感器类型	激光发射源
测量区域	54 cm^2
粒径	0.2~25 mm
速度	0.2~20 m/s
接口	RS-485 传输速度 19200,半双工,2 线
降水类型	毛毛雨、雨、雪、雨夹雪、冰雹等多种天气现象
准确性	雨、雪、冰雹相对人工观测准确率>97%
降水强度	0.001~1200 mm/h
降水量准确度	±5%(液态降水)、±20%(固态降水)
能见度	100~5000 m±10%
雷达反射率	-9.9~99 dBZ±20%
供电	电源和加热头
电源	220±15% VDC,50±2.5 Hz
加热电源	10~24 VDC

4.3.2.3　接线端子定义

将电缆接到 HY-P1000 的 7 位接线端子中,各接线位的定义见图 4.24。

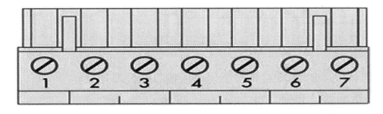

图 4.24　HY-P1000 接线图

(1)1—GND,电源接地；

(2)2—系统供电,11～36 V 直流；

(3)3—RS485,A(－)；

(4)4—RS485,B(＋)；

(5)5—RS232,Rx；

(6)6—RS232,Tx；

(7)7—SGND,信号接地。

4.3.2.4　设备连接

　　HY-P1000 带有一个 RS-485/RS-232 接口。根据 PC 机所配置的 RS-232 接口或 USB 接口选择相应的接口适配器,该适配器能够在 HY-P1000 和 PC 机之间进行自动协议转换。建议使用配件列单中的两个接口转换器。

　　连接 HY-P1000 与 PC 机的操作程序如下(图 4.25)：

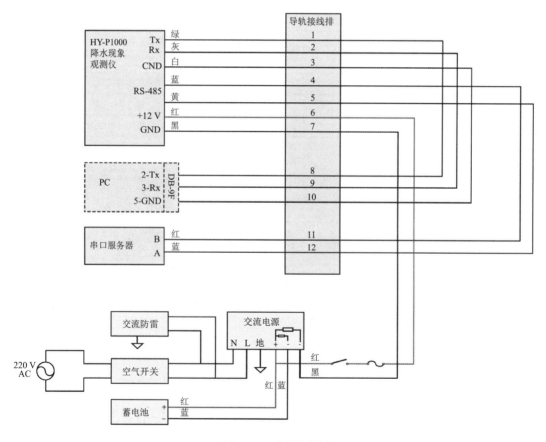

图 4.25　系统接线图

　　(1)将 HY-P1000 的 RS-485 接口与所使用的接口适配器连接；

　　(2)连接接口适配器与 PC 机；

　　(3)在 PC 机中启动 HY-P1000 上位机软件 Rainfall(Rainfall 软件为 HY-P1000 降水天气现象仪配套软件)或者台站地面观测综合业务软件 ISOS；

（4）用台站地面观测综合业务软件 ISOS 对 HY-P1000 传感器进行配置和操作；

（5）配置好以后，可使用喷水壶在传感器上方喷水做模拟降水，观察 Rainfall 软件谱图区域是否有降水粒子显示，如能正常显示，表明设备已经连接好，如未能正常显示，请查对应设置项。

4.3.2.5　系统供电

HY-P1000 的供电电源主要由开关电源、蓄电池组成，采用交流供电方式，由 AC 220 V 通过 AC/DC 电源为蓄电池充电，蓄电池在设备外部断电时自动提供续航，标配电池可维持正常工作 24 h。

出于对蓄电池的保护，让蓄电池处于满充状态，充电器设计上总是给蓄电池进行浮充。在蓄电池和开关电源连线之间放置一个二极管，利用二极管正向导通的特点，使蓄电池电压保持在 13 V 左右。电源及信号线连线示意图参见图 4.26。

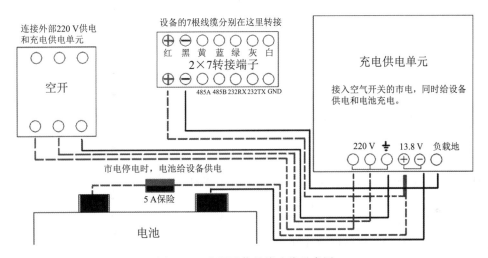

图 4.26　电源及信号线连线示意图

4.3.2.6　通信方式设置

HY-P1000 的通信方式可通过接收端底部的拨码开关设置为 RS232 或者 RS485 方式。

（1）通信方式设置为 RS232

打开传感器接收端底盖（未贴激光标签），将拨码开关 1、2、3 拨到 OFF，4、5、6 拨到 ON（图 4.27）；

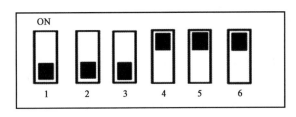

图 4.27　RS232 拨码开关示意图

（2）通信方式设置为 RS485

将拨码开关 1、2、3 拨到 ON，4、5、6 拨到 OFF（图 4.28）。

（3）HY-P1000 出厂带有一个 120 Ω 的匹配电阻，默认为关闭。需要增加匹配电阻时，打开传感器发射端底盖（粘贴激光标签端），将拨码 1、2 开关拨到 ON 即打开（图 4.29）。

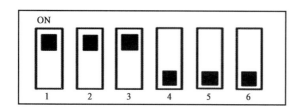
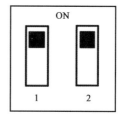

图 4.28　RS485 拨码开关示意图　　　图 4.29　匹配电阻拨码开关示意图

4.3.2.7　设备自检与数据读取

设备安装完成后，启动 PC 机中串口调试助手，选择对应连接的 COM 口，设置参数为：19200,8,N,1,对传感器进行检测。

（1）AUTOCHECK 自检命令

在命令框输入："AUTOCHECK ↙"命令（可参考附录 A），以某一台设备为例，设备连接正常情况下返回信息如下（附注释）：

＜T,2016-07-07,15:04:48；

Device Information And Number：

HUAYUN-YWDP:0000-00-00;0000000000（生产日期及设备编号）；

Software Version:V1.0（软件版本）；

Flash Device Normal（设备存储状态）；

RS-232:19200,8,N,1（通信方式和波特率）；

Device Voltage:13.3,Normal（设备电压）；

Detector Voltage:5.1,Normal（激光接收传感器电压）；

Emitter Voltage:6.4,Normal（激光发射传感器电压）；

Device Temperature:026（传感器温度）；

Reference Temperature:025（环境温度）；

Laser Power:4965,Normal（激光功率数值）；

Heating Current:0.10A（设备加热电流）。

设备常用的波特率有 8 种：1200,2400,4800,9600,19200,38400,57600,115200。如无信息返回，请更换波特率重试，如所有波特率均无信息返回，请检查故障。

（2）SETCOMWAY 握手命令

在命令框键入"SETCOMWAY ↙"检查传输方式：1 为主动发送方式，0 为被动读取方式。

当返回值为＜1＞时，键入"SETCOMWAY,0 ↙"修改为 0，返回＜T＞则表示修改成功。

设备默认出厂设置为：0，在连接 RainFall 和 ISOS 软件使用时，必须设置为：0 被动读取方式。

（3）历史读取雨滴谱数据（DOWNMDATA）

从雨滴谱仪中读取历史的一组图谱数据（数字传感器为被动读取模式时支持该命令，主动发送时无需支持）。历史数据保存时间长度大于等于滞后当前时刻 12 h。由上位机统筹考虑下载时间和内容，优先保证实时数据传输，一次下载内容一般不超过一个小时数据；

缺测数据格式为：

BG,QZ（区站）,ST（服务类型）,DI（设备标识）,ID（设备 ID）,DATETIME（时间）,FI（帧标识）,/////,校验,ED↙

命令符：DOWNMDATA,YYYY-MM-DD,HH:MM:00,YYYY-MM-DD,HH:MM:59。

示例：若获取设备中实时的分钟数据

键入命令为：DOWNMDATA,2015-08-24,11:25:00,2015-08-24,11:25:59↙。

下载 2015 年 8 月 24 日 11 点 25 分的观测记录。

返回值：<F>↙表示读取数据失败；

正确返回：历史数据，每条数据末尾附回车换行。

<N>↙表示该时段无数据，数据帧格式参见表 4.9。

表 4.9　小时数据帧格式

起始标识							
BG							

数据包头							
区站号	服务类型	设备标识位	设备 ID	观测时间	帧标识	观测要素变量数	设备状态变量数
6 位字符	2 位数字	YWDP	3 位数字	14 位数字	3 位数字	4 位数字	00

数据主体							
观测数据和质量控制					状态信息		
观测要素变量名 1	观测要素变量值 1	观测要素变量名 m	观测要素变量值 m	质量控制位	状态变量名 1	状态变量值 1	状态变量名 n	状态变量值 n

校验码							
4 位数字							

结束标识							
ED							

注：设备 ID 分两种，100 代表输出为 32 级粒子大小与 32 级粒子速度的雨滴谱仪，200 代表输出为 22 级粒子大小与 20 级粒子速度的雨滴谱仪；设备状态变量数和状态信息不在此表显示，默认 00。

（4）实时读取雨滴谱数据（READMDATA）

从雨滴谱仪中读取最近的一组图谱数据（数字传感器为被动读取模式时支持该命令，主动发送时无需支持）。

命令符：READMDATA。

示例：获取设备中实时的分钟数据。

键入命令为：READMDATA↙。

返回值：<F>↙表示读取数据失败。

正确返回：当前数据。

数据帧格式返回如下表 4.10 所示。

表 4.10　分钟实时数据帧格式

起始标识							
BG							

数据包头							
区站号	服务类型	设备标识位	设备 ID	观测时间	帧标识	观测要素变量数	设备状态变量数
6 位字符	2 位数字	YWDP	3 位数字	14 位数字	3 位数字	4 位数字	00

数据主体							
观测数据和质量控制					状态信息		
观测要素变量名 1	观测要素变量值 1	观测要素变量名 m	观测要素变量值 m	质量控制位	状态变量名 1	状态变量值 1	状态变量名 n	状态变量值 n

校验码	
4 位数字	

结束标识	
ED	

例子：

BG812312,01,YWDP,100,20151010150500,001,0010,00,ANU0001,0001,ANU0002, 0002,ANU0003,0003,ANU0004,0004,ANU0005,0005,ANU0006,0006,ANU0007,0007, ANU0008,0008,ANU0009,0009,ANU0010,0010,0000000000,0147,ED

注：在主动方式中不响应该命令；如无数据返回，在命令框键入"SETCOMWAY ↙"检查握手机制。当返回值为<1>时，键入"SETCOMWAY,0 ↙"修改为 0。

返回信息中，"z,0"表示正常，"z,1"表示故障，同时对应的故障状态位为非 0，可对照数据字典对故障进行确定。

第 5 章　DZZ4 型自动气象站

5.1　概述

DZZ4 型自动气象站结合国家气象业务发展和当前自动化技术,基于多年的自动气象站专业设计经验,采用当今成熟的、稳定的、先进的电子测量、数据传输和控制系统技术而设计,能满足现有气象观测站的气候观测、天气观测和区域观测业务的需要;该产品具有高可靠性、高准确性、易维护、易扩展等特点。自动气象站在硬件结构设计上采用"积木式"结构和 CAN 总线技术,利用双绞线互联主采集器和各分采集器。在现场能快速实现功能扩展,充分贯彻了灵活性的特点。

常见的应用有:

(1)常规六要素,观测气温、相对湿度、气压、风速、风向、雨量;

(2)七要素,观测常规六要素以及地温(含草温、地表温、浅层地温、深层地温);

(3)八要素,观测常规六要素、地温(含草温、地表温、浅层地温、深层地温)以及蒸发;

(4)需要时可以扩充能见度、称重降水、日照、辐射等要素或传感器。

5.2　技术指标

DZZ4 型自动气象站测量性能指标见表 5.1。

表 5.1　自动气象站测量性能指标

测量要素	范围	分辨力	最大允许误差
气压	500~1100 hPa	0.1 hPa	±0.3 hPa
气温	−50~50 ℃	0.1 ℃	±0.2 ℃
相对湿度	(5%~100%)RH	1%	±3%(≤80%)
			±5%(>80%)
露点温度	−60~50 ℃	0.1 ℃	±0.5 ℃
风向	0~360°	3°	±5°
风速	0~60 m/s	0.1 m/s	±(0.5+0.03 V)m/s
降水量	翻斗:雨强 0~4 mm/min	0.1 mm	±0.4 mm(≤10 mm)
			±4%(>10 mm)

续表

测量要素	范围	分辨力	最大允许误差
地表温度	−50～80 ℃	0.1 ℃	±0.2 ℃(−50～50 ℃)
			±0.5 ℃(50～80 ℃)
浅层地温	−40～60 ℃	0.1 ℃	±0.3 ℃
深层地温	−30～40 ℃	0.1 ℃	±0.3 ℃
蒸发量	0～100 mm	0.1 mm	±0.2 mm(≤10 mm)
			±2%(>10 mm)

5.3 系统结构

自动气象站由采集器、传感器和外围设备组成。采集器由一个主采集器和若干分采集器构成，采集器之间采用 CAN 总线(一对双绞线)互连。在现场只需接入新的分采集器和传感器，就可以快速部署从而实现功能扩充，满足监测需求的变化。

5.3.1 WUSH-BH 主采集器

WUSH-BH 主采集器专门为新型自动气象站研发的新一代数据采集器，它基于 ARM9平台和嵌入式 LINUX 实时多任务操作系统设计，是自动气象站的核心。WUSH-BH 主采集器负责采集本身以及分采集器上挂接的所有传感器的数据，按统一的规范进行处理、存储、传输。WUSH-BH 主采集器具有以下特点：

(1)具有常规六要素、蒸发、总辐射、能见度传感器接口，支持本身挂接的气温、湿度、气压、雨量、风向、风速、蒸发、总辐射、能见度要素的数据采集和处理；

(2)具有 CAN 总线接口，可接入温湿度智能传感器、地温分采集器、辐射分采集器，也可接入其他特殊的分采集器，支持各种分采集器挂接的气温、湿度、地温、辐射等各种要素的数据采集和处理；

(3)完善支持 WMO 规定的基本数据质量控制功能；

(4)支持运行状态监控，包括传感器工作状态、主采集器和分采集器工作状态等；

(5)内置高精度的 A/D 电路、实时时钟电路；

(6)内置大容量数据存储器，存储气象要素数据、运行状态信息、系统日志信息等；

(7)具有 CF 卡接口，可以存储符合《新型自动气象(气候)站功能规格书(业务试用版)》要求的各类数据文件；

(8)具有 GPS 接口，支持 GPS 授时；

(9)具有 RS-232 通信接口，可扩展 GPRS、光纤等通信设备，实现远距离的无线、有线通信，支持《新型自动气象(气候)站功能规格书(业务试用版)》规定的终端操作命令；

(10)具有以太网接口，支持 web、telnet、ftp 等网络访问能力。

5.3.1.1 面板接口布局

WUSH-BH 主采集器面板接口布局如图 5.1 所示。

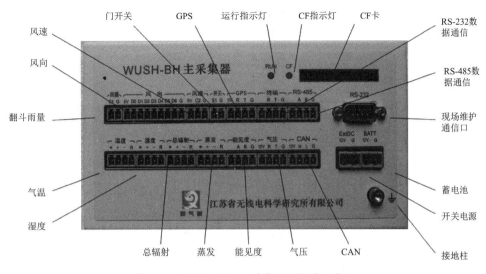

图 5.1　WUSH-BH 主采集器面板接口布局

5.3.1.2　CF 卡

选用工业级 CF 卡,耐低温性能好,每 1 G 容量可存储 2 年的分钟数据。过大的容量冗余可能带来读写时间过长等问题,因此推荐使用 1 G 或 2 G 容量的 CF 卡。

CF 卡的正面朝上,小心地对准 CF 卡插槽,用力推入卡座。

插入 CF 卡后,采集器的运行指示灯(RUN)闪烁将加快,表示已检测到 CF 卡。

在 2 min 内,采集器的运行指示灯将恢复正常闪烁,即 1 s 亮,1 s 暗,表示 CF 卡已能进行正常操作。

如果插入 CF 卡后,采集器的运行指示灯(RUN)没有变化,需拔下 CF 卡,然后重新插入。

也可通过终端操作命令 SAMPLES 来检查 CF 卡是否能正常操作。如果系统正确识别 CF 卡后,SAMPLES 命令的响应中最后一行会显示"CF:已插入(已挂载,正常)"。如图 5.2 所示:

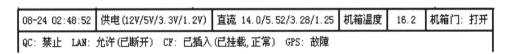

图 5.2　SAMPLES 采样检查 CF 卡

如果显示"未挂载"信息,则需要拔出 CF 卡后,重新插入,或更换 CF 卡。等待约 2 min,再次输入终端操作命令 SAMPLES,如果响应的最后一行中显示"CF:已插入(已挂载,正常)",则表明系统能够正常操作 CF 卡。如果显示"已挂载,故障"信息,则需拔出 CF 卡后,再重新插入,或更换 CF 卡。

5.3.1.3　实时时钟

采集器内部的实时时钟,具有集成的温补振荡器和晶体。单独由锂氩电池供电,断开主电源仍可保持精确的计时,确保产品寿命期内无需更换电池。

在−40～60 ℃,实时时钟精度优于 15 秒/月。

5.3.1.4　通信

数据采集器到观测室电脑之间的数据通信采用光纤方式。

光纤通信的优点如下。

(1)避免电子干扰

光纤不会受到电磁干扰或电波频率干扰的影响,提供一个不受干扰的传输路径,也可避免互相干扰。

(2)隔离保护

光纤具有隔离的功能,不需要利用电流作为传输的媒介。

(3)安全性

光纤无法以传统的电子设备加以分接。再者,无线电和卫星传输讯号也可轻易地撷取以便译码。

(4)稳定度与维护

严苛的温度与湿度环境对光纤没有影响,也不会腐蚀或丢失讯号,也不会受到短路、突波或静电的影响。

光纤模块选用真正工业级的串口转光纤转换器,具备转换串口(RS-232 或 RS422/485)及光纤(多模或单模)讯号的能力。接口转换器可将串口传输距离延伸最远可达 5 km。

5.3.2　WUSH-BTH 温湿度分采集器

WUSH-BTH 温湿度分采集器作为自动站的一个分采集器,在工作状态对挂接的 HMP45D 型湿度传感器和铂电阻温度传感器按预定的采样频率进行扫描,收到主采集器发送的同步信号后,将获得的采样数据通过 CAN 总线发送给主采集器。

WUSH-BTH 温湿度分采集器共设计有 2 个模拟量通道,提供 M12 接口,可以接入铂电阻、HMP45D 等输出为模拟量信号的系列传感器。

WUSH-BTH 温湿度分采集器具有 1 个用于内部通信的 CAN 通信口,还具有 1 个 RS-232 通信口以实现现场的快速诊断、维护等任务(图 5.3)。

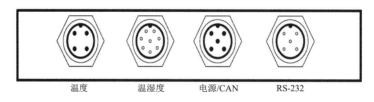

图 5.3　WUSH-BTH 分采集器接口

5.3.3　WUSH-BG 地温分采集器

WUSH-BG 地温分采集器是与 WUSH-BH 主采集器配套使用的数据采集器,用于采集草温、地表温、浅层地温、深层地温,并将采样值通过 CAN 通信网络实时提交给主采集器(图 5.4)。

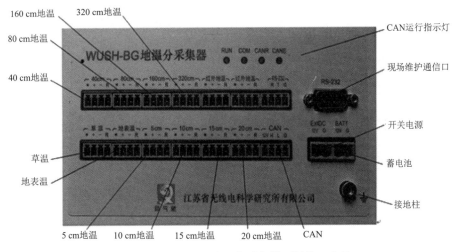

图 5.4　WUSH-BG 地温分采集器面板接口布局

5.3.4　传感器

自动气象站所选用的传感器符合相关行业标准并经行业主管部门列装,如表 5.2。

表 5.2　传感器类型搭配表

传感器种类	传感器名称	型号
模拟传感器	地温传感器	ZQZ-TW
	高精度气温传感器	WUSH-TW100
	湿度传感器	WUSH-TH200
		HMP45D
	蒸发传感器	WUSH-TV2
	总辐射传感器	FS-S6
数字传感器	翻斗式雨量计	SL3-1
	风向、风速传感器	ZQZ-TF
智能传感器	气压传感器	WUSH-TP300
		PTB220
	温湿度智能传感器	WUSH-BTH(含 ZQZ-TW3、WUSH-TH200 或 HMP45D)
	能见度传感器	HW-N1
	称重式降水传感器	WUSH-WP
	激光雪深传感器	WUSH-SD

5.3.4.1　温湿度智能传感器

WUSH-BTH 温湿度智能传感器是集温度、湿度测量功能于一体的智能化传感器,它符合中国气象局《新型自动气象(气候)站功能规格书》关于温湿度智能传感器的功能、性能和接口规定,可直接到自动气象站的 CAN 总线上。温度探头的标准配置为 WUSH-TW100 高精度铂电阻传感器,湿度选用 WUSH-TH200 湿度传感器(图 5.5)。

图 5.5　WUSH-BTH 型温湿度智能传感器转接盒

WUSH-TW100 是高精度铂电阻温度传感器,等级为 IEC60751AAA,测量范围 －50～＋60 ℃。传感器采用不锈钢铠装,防护级别达到 IP67。该传感器具有极佳的可互换性和长期稳定性,广泛应用于气象、水文和环保等部门。

WUSH-TH200 是通过中国气象局考核的新一代湿度传感器,湿敏元件采用维萨拉公司新一代电容式湿敏元件 HUMICAP180R,具有更高的测量准确度,更好的耐高湿性能和长期稳定性,可以实现与 HMP45D 温湿度传感器(DZZ5 型)的兼容。

5.3.4.2　风向、风速传感器

风向、风速传感器的标准配置为 ZQZ-TF 型测风传感器。传感器的风杯进行了优化设计,并由特种工程塑料注塑成型,提高了测量精度和抗风强度;风向标尾翼板用质量轻、强度高、刚性好、在高温高压条件下成型的非金属材料制造,提高了抗风强度(图 5.6)。

图 5.6　ZQZ-TF 型风速风向传感器

传感器轴承具有创新的多级迷宫式防尘结构,大大提高了防尘效果,使轴承清洗维护周期延长一倍。

传感器还具有较好的耐腐蚀能力、抗浪涌能力,并能承受较大的向上垂直风力,可以适应海岛环境。

自动气象站也能支持 EL15-1C 风速传感器和 EL15-2C 风向传感器(DZZ5 型)。

5.3.4.3　翻斗雨量传感器

雨量计的标准配置为 SL3-1 双翻斗雨量计(同 DZZ5 型相同)。

5.3.4.4　气压传感器

气压传感器采用 WUSH-TP300 大气压力传感器,该传感器采用维萨拉公司的 BARO-CAP 硅电容压力敏感元件,具有卓越的压滞特性、重复性、高可靠性、高准确性、长期稳定性好、免维护等特点。

WUSH-TP300 型气压传感器测量性能优于我国目前绝大多数气象台站正在使用的 PTB220 气压传感器,并且在机械结构、电气接口、安装尺寸和通信协议等方面均兼容 PTB220 (DZZ5 型),完全可以实现无缝替换,大大方便原有台站的维护,降低维护成本。

5.3.4.5　地温传感器

ZQZ-TW 高精度铂电阻传感器,等级为 IEC60751A,测量范围 $-60 \sim 80$ ℃。传感器采用不锈钢铠装,防护级别达到 IP67。该传感器具有极佳的可互换性和长期稳定性,适合于土壤或不同下垫面(如地面、草面、路面等)的温度测量,广泛应用于气象、水文和环保等部门。

5.3.4.6　蒸发传感器

采用 WUSH-TV2 型超声蒸发传感器,该传感器采用连通器原理和超声波测距原理,大大降低了水面波动对蒸发测量的影响,具有高稳定性、高分辨力、高测量准确度等优点。传感器由测量探头、测量筒、蒸发皿、连通器、水圈、小百叶箱等组成。

测量探头通过检测测量筒内超声波脉冲发射和返回的时间差来测量水位变化情况并转换成电信号输出,测量探头还具温度补偿功能。测量筒和测量探头置于百叶箱内,改善了测量环境,有效地提高了测量准确度和稳定性。测量探头的输出为 $4 \sim 20$ mA 电流信号,可以进行远距离传输。

蒸发桶采用业务台站常用的 E-601B 蒸发桶,并对它进行了改造,使它适合安装连通器。

5.3.4.7　DSG1 型降水现象仪

DSG1 型降水现象仪是一种基于激光衰减原理而设计的降水现象自动化观测仪器,可以全面、可靠地观测所有类型的降水,适合于全天候的降水现象观测。产品由降水现象传感器、数据采集器、外围设备和采集软件等构成。

(1)数据采集器

数据采集器由接口单元、中央处理单元、存储单元、时钟等部分组成,数据采集器监测降水天气现象传感器的工作状态,从传感器获取检测的降水类型,通过处理后得到相应的降水现象代码,并完成数据的存储以及数据传输的格式转换。

(2)外围设备

外围设备包括电源、通信模块(如光纤转换器)、安装结构件等部分。

(3)采集软件

采集软件运行在数据采集器中,具有数据采集、通信、控制、支持时间同步、采集参数自动保存、自重启、降水现象观测与识别、参数设置与信息查看等功能。

(4)工作原理

DSG1 型降水现象仪对通过一个小的采样面积内的降水粒子的大小和下落速度进行检测,用于分析得到雨滴谱信息。采样区域的面积是 18 cm×3 cm＝54 cm²。采样区域由一组相对安装的激光发射装置和激光接收装置搭建,激光从发射到接收之间的距离是 18 cm,激光束的宽度是 3 cm。图 5.7 是降水粒子通过采样区域的示意图。

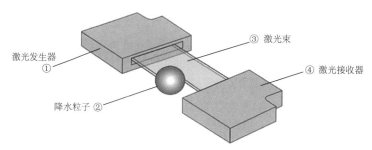

图 5.7　降水粒子通过采样区域

激光发射装置发出一束水平激光,再由激光接收装置将接收到的水平光转换成电子信号。当空气中的颗粒物穿过激光光束时,接收装置收到的信号就会发生变化。当激光束里没有降水粒子降落穿过时,接收装置将收到最强的激光信号,从而变换出最大的电压值。当降水粒子穿过水平光束时以其相应的直径遮挡部分光束,因而使接收装置输出的电压下降。通过电压的大小可以确定降水粒子的等效直径大小,实现了降水粒子的粒径检测。

降水粒子下落通过水平激光束需要一定的时间,通过检测电子信号的持续时间,即从降水粒子开始进入光束到完全离开光束所经历的时间,可以推导出降水粒子的下落速度。

（5）通信部分

DSG1 型降水现象传感器通过 RS485 方式输出信号,接入协议转换器,通过协议转换器转换成数据字典协议格式接入到综合集成硬件控制器（图 5.8）。

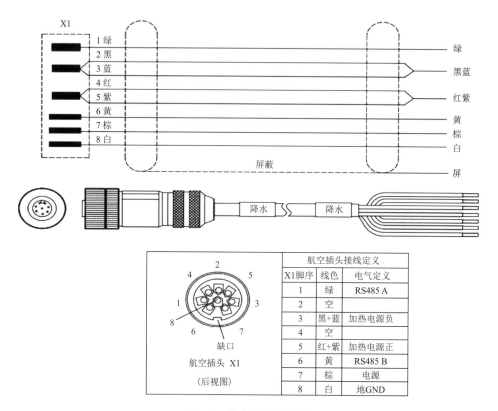

图 5.8　降水现象仪线序

（6）传感器状态指示灯

在供电正常的情况下，使用内六角打开传感器的主板机盖可看到传感器的状态指示灯运行情况（图 5.9）。

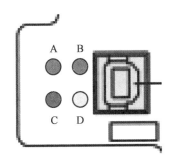

A-RS485通信指示灯(绿色)

B-USB通信指示灯(绿色)

C-传感器故障指示灯(红色)

D-粒子通过采样光带指示灯(黄色)

图 5.9　DSG1 传感器状态指示灯

（7）采集调试

DSG1 型降水现象仪采用 ZQZ-ZX1 协议转换器，协议转换器由硬件和嵌入式软件组成。硬件包含高性能的嵌入式处理器、高精度的 A/D 电路、参数存储器、CAN 总线接口、RS485 通信接口、RS232 通信接口、门开关等，具有高精度、低功耗、稳定性好的特点。

ZQZ-ZX1 协议转换器在工作时，降水现象传感器通过 COM3 口的 485 通信方式与协议转换器连接，ISOS 软件通过协议转换器给降水现象传感器发出数据采集命令，经协议转换器处理转换后形成标准的数据字典协议格式，以 RS232 通信方式（COM1）输出给综合集成硬件控制器（图 5.10）。

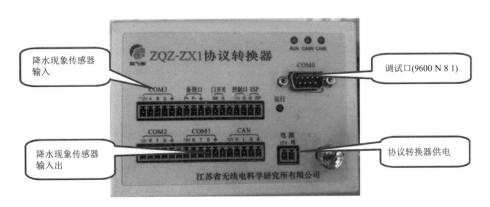

图 5.10　ZQZ-ZX1 协议转换器

DSG1 降水现象仪常用操作命令见表 5.3。

表 5.3　降水现象仪支持的命令

终端指令	描述	配置参数（成功返回＜T＞，失败＜F＞）
HELP	返回命令清单	
SETCOM	设置或读取串口通信参数	不带参数为读取串口通信参数 例如：SETCOM,9600 8 N 1

续表

终端指令	描述	配置参数(成功返回<T>,失败<F>)
AUTOCHECK	设备自检	自检失败返回<F>,成功返回<T>
QZ	读取或设置台站区站号	自动站目前使用 5 位区站号,其余设备使用 6 位,高位补 8 例如:QZ,857494
ST	读取或设置服务类型	00 代表基准站,01 代表基本站,02 代表一般站例如:ST,00
DI	读取或设置读取设备标识	激光云高仪:YCCL,前向散射能见度:YFSV,降水类天气现象:YWTR,日照:YSDR,辐射:YROS,例如:DI,YCCL
ID	读取或设置设备序号	系统内设备的编号,第一台为 000,第二台为 001,以此类推。例如:ID,000
LONG	读取或设置设备经度	例如:LONG 116.34.18
LAT	读取或设置设备纬度	例如:LAT 32.14.20
DATE	读取或设置日期	格式:DATE,2012-07-21
TIME	读取或设置时间	格式:TIME,12:34:00
FI	读取或设置数据的帧示	00 代表秒数据,01 代表分钟数据,02 代表时数据,03 代表 10 min 数据,04 代表 15 min 数据,例如:FI,01
DOWN	下载指定范围内的观察记录	格式:DOWN,2012-07-21,20:00:00,2012-07-24,20:00:00
READDATA	读取存储器中最近的一组降水现象观测要素和设备状态要素数据	数据格式见数据字典说明
READMDATA	读取存储器中最近的一组雨滴谱要素数据	数据格式见数据字典说明
SETCOMWAY	读取或设置采集器数据传输握手机制方式	1 为主动发送方式,0 为被动读取方式(默认为 0)例如:SETCOMWAY,0
HPWC	读取当前分钟小时内天气现象码数据	数据格式见附件 5.1 协议转换器常用命令
RAWDATA	读取传感器原始数据	数据格式见附件 5.1 协议转换器常用命令

协议转换器常用命令:

读取小时天气现象数据(HPWC);

读取小时内天气现象码数据。

命令格式:HPWC

读取当前分钟小时内天气现象码数据:HPWC,t1,t2

t1:开始时间,格式:YYYY-MM-DD,HH:MM:SS。

t2:结束时间,格式:YYYY-MM-DD,HH:MM:SS。

下载指定时间范围内的小时天气现象码数据。

响应格式:不带参数时,读取当前分钟的一条记录。格式描述如下:

数据总长度为 260 个字节,由表 5.4 所列内容组成,各项目之间用空格分隔(结束符之前不留空格)。每个项目采用定长方式,长度不足高位补 0。

表 5.4　数据说明 1

序号	项目	字节数	说明
1	日期	10	当前数据的年、月、日。格式示例:2014-05-29
2	时间	8	当前数据的时、分、秒。格式示例:17:31:00
3	分钟天气现象码	3	分钟天气现象码间以';'分隔
4	结束符	2	回车换行

格式示例:

2014-05-30 12:20:00 000;000;000;000;000;000;000;000;000;

000;000;000;000;000;000;000;000;000;000;000;000;000;000;

000;000;000;000;000;000;000;000;000;000;000;000;000;000;

000;000;000;000;000;000;000;000;000;000;000;000;000;000;

000;000;000;000;000;000;000;000;000;

带 t1 和 t2 参数时,读取指定时间范围的所有分钟记录,每条记录的响应格式同上。

读取传感器原始数据(RAWDATA)。命令符:RAWDATA。

有以下几种命令格式:

RAWDATA

下载传感器最新分钟原始数据。

RAWDATA,t1,t2

t1:开始时间,格式:YYYY-MM-DD,HH:MM:SS。

t2:结束时间,格式:YYYY-MM-DD,HH:MM:SS。

下载指定时间范围内的分钟原始数据;

数据总长度为 149 个字节,由表 5.5 所列内容组成,各项目之间用空格分隔(开始标识之后不留空格,结束标识之前不留空格)。每个项目采用定长方式,长度不足高位补 0。

表 5.5　数据说明 2

序号	项目	字节数	说明
1	开始标识	1	'<'
2	命令标识符	7	"RAWDATA"
3	日期	10	当前数据的年、月、日。格式示例:2014-05-29
4	时间	8	当前数据的时、分、秒。格式示例:17:31:00
5	系统电压	4	带一位小数,原值,单位:V
6	温度	4	带一位小数,原值,单位:℃。
7	传感器原始数据	107	传感器输出原始数据
8	结束标识	1	'>'
9	结束符	2	回车换行

读取传感器原始谱数据。命令符:RDSP。

有以下几种命令格式:

RDSP

下载传感器最新分钟原始数据。

RDSP,t1,t2

t1:开始时间,格式:YYYY-MM-DD,HH:MM:SS。

t2:结束时间,格式:YYYY-MM-DD,HH:MM:SS。

下载指定时间范围内的分钟原始数据;

数据总长度为 4126 个字节,由表 5.6 所列内容组成,各项目之间用空格分隔(结束标识之前不留空格,开始标识之后不留空格)。每个项目采用定长方式,长度不足高位补 0。

表 5.6 数据说明 3

序号	项目	字节数	说明
1	开始标识	1	'<'
2	命令标识符	7	"RDSP"
3	日期	10	当前数据的年、月、日。格式示例:2014-05-29
4	时间	8	当前数据的时、分、秒。格式示例:17:31:00
5	传感器原始谱数据	3×1024	传感器输出原始谱数据,共 1024 个数据
6	结束标识	1	'>'
7	结束符	2	回车换行

5.3.4.8 DFC1 型光电式数字日照计

DFC1 型光电式数字日照计是一款用于专业气象业务的高精度日照时数测量系统。该产品无需更换日照纸,无需人工读数,能够替代人工观测,实现日照时数的自动化观测。DFC1 型光电式数字日照计采用了细分天穹技术,大大提高了测量准确性;采用了创新的漫射器设计,降低了不同地区的赤纬角响应的影响;对多云天气的日照测量进行算法修正,降低了测量误差;传感器无运动部件,安装使用方便;低功耗,低维护,适合长期野外观测使用。

(1)测量原理

根据 CIMO 指南,日照时数定义为在一个给定时段内直接太阳辐照度大于或等于 120 W/m² 各分段时间的总和。FS-RZ1 日照传感器的感应部分由 1 个光学镜筒、1 个遮光筒和 3 个光电探测器组成。3 个光电探测器分上中下三级排布,第一级光电探测器始终暴露在太阳辐射中,可以测量太阳总辐射;第二、三级光电探测器被设计为在任何时候都有一个被遮光筒遮蔽,不能接收到太阳直接辐射,该光电探测器测量出的信号经过计算处理可以得到太阳的散射辐射。通过太阳总辐射和直接辐射进行计算,可以得到当前的太阳直接辐射辐照度,再与 120 W/m² 的阈值进行比较,经过处理后输出日照信号或者通过计算得到分钟日照、小时累计日照以及日累计时数。

(2)技术指标

光谱范围:400～1100 nm。

日照阈值:直接辐射辐照度 120 W/m²。

阈值允许的最大误差:±24 W/m²。

日照时数误差(月累计):±10%。

年稳定性:±5%。

工作温度：−40～+60 ℃。

相对湿度：0～100%。

大气压力：550～1100 hPa。

抗风能力：≤60 m/s。

防护等级：IP65。

抗盐雾腐蚀。

静电放电抗扰度：接触放电 4 kV；空气放电 8 kV。

电快速瞬变脉冲群抗扰度：2 kV,5 kHz。

浪涌（冲击）抗扰度：2 kV,1.2/50 μS。

射频电磁场辐射抗扰度：0.15～80 MHz,3 V,80% AM(1 kHz)。

绝缘电阻：≥10 MΩ。

（3）组成结构

DFC1 型光电式数字日照计由硬件和软件两部分组成。硬件部分主要包括 FS-RZ1 日照传感器（数字式）、安装底座等部分构成；软件包括传感器中的嵌入式软件和计算机上的业务软件。日照计通过传感器电缆以 RS232 通信方式接入集成板，通过集成板为传感器供电和通信转换，接入综合集成硬件控制器，最终连接计算机。如图 5.11 所示。

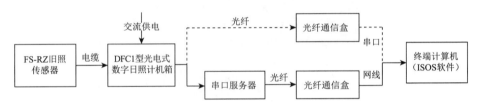

图 5.11　DFC1 型光电式数字日照计系统

（4）日照传感器

FS-RZ1 日照传感器（数字式）是 DFC1 型光电式数字日照计的主要组成部件。它集日照测量、信号采集、数据处理、数据存储和通信为一体，传感器外观结构和主要组成部件如图 5.12 所示。

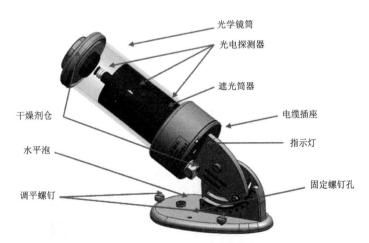

图 5.12　FS-RZ1 日照传感器（数字式）

（5）指示灯

FS-RZ1 日照传感器（数字式）有一个指示灯（表 5.7，图 5.13），可以显示传感器的不同运行状态。

表 5.7　指示灯表

指示灯状态	系统状态
长暗	供电异常
秒闪（1 s 亮 1 s 暗）	正常
1/4 秒闪（250 ms 亮 250 ms 暗）	通信异常
1/2 秒闪（500 ms 亮 500 ms 暗）	干燥剂失效
2 秒闪（2 s 亮，2 s 暗）	通信异常和干燥剂失效

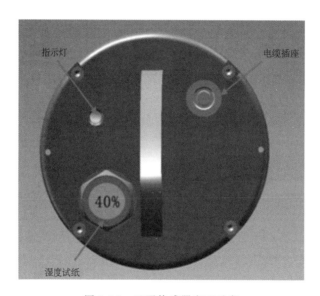

图 5.13　日照传感器底面示意

（6）干燥剂

FS-RZ1 日照传感器具有两个干燥剂仓，分别位于传感器的顶部和底部，其中底部的干燥剂仓具有湿度显示试纸。正常情况下，该试纸为蓝色或淡蓝色，如果干燥剂失效，该试纸颜色会变为粉色，需要对干燥剂进行更换。

（7）加热器

为减少结露和结霜对日照测量的影响，FS-RZ1 日照传感器具有两档加热器，功率分别为 1 W 和 10 W，传感器通过内部算法控制，根据当前环境情况，自动对加热进行控制，并调整加热功率。

（8）电源部分

DFC1 型日照计的工作和加热电源为直流电 12 V，由 220 V 交流电源转换成 12 V 后进行供电。

（9）通信部分

DFC1 型日照计通过传感器 RS232 通信口（图 5.14）输出信号，可转换成光纤传输等通信方式。

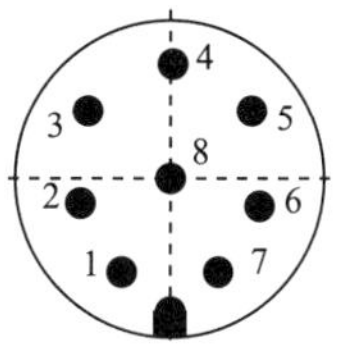

线序图	线序	线色	含义
	1	白	加热电源(12 V)
	2	棕	工作电源地
	3	绿	日照电平及RS232地
	4	黄	日照信号
	5	灰	加热电源地
	6	橙	TxD
	7	蓝	RxD
	8	红	工作电源(12 V)
	壳体	银	屏蔽

图 5.14　日照计线缆定义

(10)维护

为保证设备的观测精度,应该定期对传感器进行检查维护。检查维护的内容和具体时刻及持续时间均应记录在站点值班日志中。

检查日照传感器石英光学镜筒的污染情况。建议每天清洁一次,清洁最好在日出前进行。若发生雨、雪、霜、露、雾等天气现象,应及时擦除玻璃管上雨雪和凝结物。

检查传感器的安装情况,仪器的水平、方位、纬度等是否正确,发现问题及时纠正。

每周检查小干燥剂仓底部的湿度指示卡,若指示卡由蓝色变为粉色,应及时更换传感器上下两端的干燥剂。包装箱中配有专用扳手和备用干燥剂仓,大小干燥剂仓中的干燥剂均可借助专用扳手更换。

5.4　运行与调试

5.4.1　通信串口设置

运行业务软件,在上方"参数设置"选项中选择"自动站参数设置"选项,修改值如图 5.15所示,选择当前通信串口号、波特率9600、数据位8、停止位1、校验0、握手协议0。修改完成后重启 ASWDC2008 即可。重启后稍等片刻即有数据显示。

5.4.2　台站参数设置

台站参数包括台站的区站号、经纬度、海拔高度、气压计海拔高度、地方时差等。开始观测前,必须先对这些参数进行设置。可在"参数设置"选项中选择"台站基本参数"选项,修改台站基本参数。若业务软件未提供这样的功能,则可使用超级终端软件或其他串口调试软件,通过命令的方式进行设置。

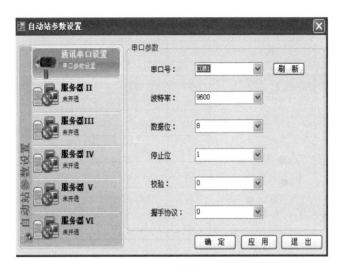

图 5.15 自动站通信参数设置界面

注意事项：

(1)区站号是数据通信中的重要参数，必须正确设置。

(2)采集器内部数据存储以及 CF 卡上的数据存储，存储目录需与区站号一致。当改变区站号时，将创建新的数据存储目录，原区站号的数据目录仍旧保留。会造成存储空间的浪费。

(3)当确认旧台站目录中的数据不再需要时，应删除旧台站目录中的所有文件。

(4)FLASH 或 CF 卡上空间不足时，系统运行将出现异常。此时，必须删除旧台站目录中的所有文件。

(5)初始安装时，必须将采集器时间设置成与北京时间一致，误差不要超过 2 s。

(6)选配有 GPS 的台站，采集器将采用 GPS 授时以保证时钟准确度。

(7)未选配 GPS 的台站，采集器应通过业务软件进行对时。

5.4.3　运行业务软件

参数设置完成后，运行业务软件。业务软件观测一段时间，查看数据是否齐全，是否有缺测，漏测现象。每过一段时间，对业务数据进行保存，以免数据流失(图 5.16)。

5.4.4　蒸发传感器相关参数设置

蒸发传感器要设置溢出水位参数。建议当水位在溢流口时，将采集器测得的蒸发水位值加 5~10 mm(一般设置为 10 mm)，作为溢出水位阈值。如图 5.17 中 Df 位置。

溢出水位阈值使用 EOVER 命令进行设置，如：EOVER 10(溢出水位 10 mm)。确定溢出水位阈值时要谨慎，必须根据安装的实际情况，在水位达到溢流口时，读取采集器的蒸发水位读数。

5.4.5　翻斗式雨量传感器

为确保翻斗雨量桶安装、连接无误，应对翻斗雨量进行一次测试。

图 5.16　业务软件 AWSDC2008 界面

用 20 cm 直径雨量器的专用量杯,向雨量桶中缓缓注入 10 mm 水,用 MDATA 命令检查翻斗雨量的分钟测量结果,并进行累加,累加结果应当在 10 mm 左右。

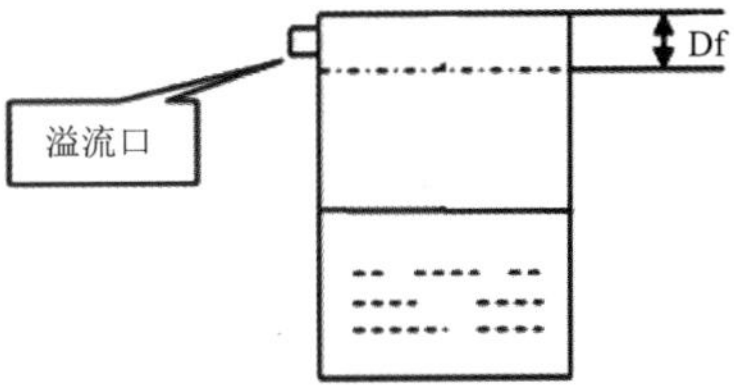

5.4.6　蒸发传感器

蒸发参数包括蒸发传感器系数、溢出水位等。自动气象站出厂时,已根据要求设置好了这些参数。开始观

图 5.17　溢出水位阈值示意

测前,必须检查这些设置,如果发现与实际不一致情况,应当重新进行设置。使用超级终端软件或其他串口调试软件,通过命令的方式进行检查和设置,参考补充命令集的 SENCO、EOVER、EMODE 命令。

为确保蒸发传感器安装、连接无误,应对蒸发进行一次测试。

用专用的吸水器,从蒸发皿中缓缓抽出约 1 mm 的水,用 MDATA 命令检查蒸发的分钟测量结果,并进行累加,累加结果应当在 1 mm 左右。

若不具备条件,可观察 MDATA 命令响应中的蒸发水位值是否与蒸发皿中实际水位基本一致。水位越高,蒸发水位值越小,在溢流口附近,其值接近 0;水位最浅时的值是 100。

5.4.7　检查采样值

使用超级终端软件或其他串口调试软件,输入 SAMPLES 命令查看采样值,检查是否能够正确地采样到各个要素的值。参考补充命令集的 SAMPLES 命令。

同时也能够读取采样数据的要素至少包括气温、相对湿度(湿敏电容或露点仪)、风向、风速、地温、总辐射、直接辐射、净辐射、海表温度。

命令符:SAMPLE XX

其中,XX 为传感器标识符。

参数:YYYY-MM-DD HH:MM

返回值:指定传感器、指定时间内的采样值。其中数据帧标识字符串定义为"SAMPLE_XX",其中 XX 为对应的传感器标识符,每个数据之间使用半角空格作为分隔符,各传感器返回数据的组数为分钟内采样的频率。各要素的数据记录单位和格式与分钟观测数据相同。

5.5 维修维护(DZZ5 型适用)

5.5.1 传感器日常维护

5.5.1.1 气压传感器维护

(1)气压传感器安装于主采集箱内,传感器感应中心距地高度为 120 cm;

(2)安装或更换传感器时应在断电的条件下进行;

(3)应避免阳光的直接照射或气流的影响;

(4)要保持静压气孔口畅通。

5.5.1.2 风速风向传感器维护

(1)经常观察风杯、风向标体转动是否灵活、平稳,发现异常时,及时处理;

(2)冰雹可能会打坏风传感器,下过冰雹后应仔细检查风传感器有否受损;

(3)每年定期维护一次风传感器,清洗风传感器轴承;检查、校准风向标指北方位。

5.5.1.3 百叶箱和温湿度传感器维护

(1)每月检查百叶箱顶、箱内和壁缝中有无沙尘、雪等影响观测的杂物,用湿布或毛刷小心地清理干净;

(2)维护时百叶箱内的温湿度传感器不得移出箱外;

(3)定期查看温湿度传感器的感应部位是否处在离地面 1.5 m 处。

5.5.1.4 翻斗雨量传感器维护

(1)仪器每月至少定期检查一次,清除过滤网上的尘沙、小虫等以免堵塞承水口漏斗。夏季雨量筒内部可能结有蜘蛛网,影响翻斗翻转;

(2)无雨或少雨的季节,可将承水器口加盖,但注意在降水前及时打开;

(3)结冰期长的地区,在初冰前将感应器的承水器口加盖,不必收回室内;

(4)翻斗内壁禁止用手或其他物体抹试,以免沾上油污;

(5)定期检查雨量传感器的器身是否稳定、器口是否水平,发现不符合规范要求时应及时纠正;

(6)避免碰撞承雨器的器口,严防器口产生变形;

(7)风沙较大的地区,雨量传感器使用一段时间后,翻斗内可能会沉积泥沙,应定期清淤;可用干净的脱脂毛笔刷洗,必要时可加入适量的洗涤剂,然后用清水冲洗干净;

(8)定期检查翻斗翻转的灵活性。发现有阻滞感,应检查翻斗轴向工作游隙是否正常、轴承副是否有微小的尘沙、翻斗轴是否变形或磨损,并及时采取有效的措施;

(9)严禁往轴承孔内注油、脂或其他所谓润滑材料；

(10)严禁随意调整翻斗下方的调斗螺钉。

5.5.1.5　蒸发传感器维护

(1)蒸发传感器用水的要求：应尽可能用代表当地自然水体(江、河、湖)的水，在取自然水有困难的地区，也可使用饮用水(井水、自来水)；器内水要保持清洁，水面无漂浮物，水中无小虫及悬浮污物，无青苔，水色无显著改变；一般每月换一次水。蒸发传感器换水时应清洗蒸发桶，换入水的温度应与原有水的温度相接近；

(2)冬季结冰期停止观测，应将蒸发桶内的水汲净，以免冻坏；

(3)每年在汛期前后(长期稳定封冻的地区，在开始使用前和停止使用后)，应各检查一次蒸发器的渗漏情况等；如果发现问题，应进行处理。调节高度时，要求不锈钢测量桶高水位刻度线和蒸发桶溢流口下沿持平。或不锈钢测量桶高水位刻度线高于蒸发桶溢流口下沿 5 mm 以内(调节方法是用长乳胶管灌入 90％水，两端两个水位线应分别与高水位刻度线、溢流口下沿一致。也可使蒸发桶装满水，分别测量蒸发桶内水位和不锈钢测量桶内水位)；

(4)水圈内的水面应与蒸发桶内的水面接近；

(5)当水位即将高于不锈钢测量桶高水位刻度线(或即将接近蒸发桶溢流口)时，应及时将蒸发桶内的水舀出；

(6)当水位即将低于不锈钢测量桶低水位刻度线(或即将低于溢流口向下 10 cm 刻度线)时，应及时向蒸发桶内加水。

5.5.1.6　地表和浅层地温传感器维护

(1)保持地面疏松、平整、无草；及时耙松板结地表土；

(2)查看地表温度传感器和浅层地温传感器的埋设情况，保持地表温度传感器一半埋在土内，一半露出地面，应擦拭沾附在上面的雨露和杂物，浅层地温安装支架的"0"标志线应与地面齐平；

(3)地表温度传感器被水淹、积雪掩埋时仍按正常观测，但应在观测簿备注栏注明；

(4)传感器多余的线应尽量穿在 PVC 管内，或塑料纸包裹后埋于土内，防止鼠咬、蚁啃等问题。

5.5.1.7　草面温度传感器维护

(1)当草株高度超过 10 cm 时，应及时修剪草层高度；

(2)积雪掩埋草层时，应经常巡视草面温度传感器，并使其始终置于积雪表面上；

(3)传感器多余的线应尽量穿在 PVC 管内，或塑料纸包裹后埋于土内，防止鼠咬、蚁啃等问题。

5.5.1.8　深层地温传感器维护

(1)雨后和雪融后应检查深层地温硬橡胶套管内是否有积水，如有积水应及时设法将水吸干，如发现套管内经常积水，应进行维修或更换硬橡胶套管；

(2)安装完成后要复查传感器感应部位是否有伸出内护管，防止探头缩进，探头与铜盖之间将产生一段空气柱，影响地温测量数据；

(3)传感器多余的线应尽量穿在 PVC 管内，或塑料纸包裹后埋于土内，防止鼠咬、蚁啃等问题。

5.5.1.9　DSG1 型降水现象仪维护

(1)清洁镜头:用一块软布从外部擦拭传感器两头的镜头,至少半年清洁一次。

(2)保持光路畅通:定期清除传感器光路中的障碍物,比如说纸屑、蜘蛛网等。

(3)清洗防溅网:拆除防溅网,在自来水下冲洗,必要时可用家用清洁剂清洗。

(4)电缆维护:定期检查各电缆是否有老化破损。

(5)电源维护:定期检查交流电源电压和对电池进行充放电处理。

5.5.2　主采集器维护

(1)主采集器的维护操作可通过串口通信终端、Linux 终端进行;

(2)串口通信终端是连接本地通信口和(或)远程通信口的计算机,运行业务软件或串口调试软件可执行终端操作命令;

(3)Linux 终端是 telnet 终端和(或)debug 口终端,可执行 Linux 命令。

5.5.2.1　程序启动

在 Linux 终端中,通过输入/mnt/data1/zqzawsii/zqzawsii,可以手动启动应用程序。

5.5.2.2　程序关闭

若有必要,可以关闭应用程序。关闭方法如下:

首先通过 telnet 登录或使用 debug 端口到采集器。然后在 Linux 终端中输入:#/mnt/data1/zqzawsii/utils/quit zqzawsii。即可退出应用程序。

5.5.2.3　网络操作

应用程序运行时,将根据/mnt/data1/zqzawsii/param/param.ini 文件中的设置,重新配置 MAC 和 IP。

应用程序运行后,可以通过终端操作命令 MAC 和 IP 来修改 param.ini 中的 MAC 和 IP 设置。例如:

MAC 12:32:42:52:62:72

IP 192.168.2.192

注意:必须根据主采集器所在的局域网对 MAC 和 IP 进行修改,防止发生冲突。

5.5.3　电源维护

主电源为所有的采集机箱供电。

日常应该定期检查空气开关是否在 ON 位置。

5.5.4　业务计算机维护

5.5.4.1　交流电源和 UPS 维护

(1)定期检查接线板上的插头是否牢固;

(2)检查 UPS 的工作状态指示灯。

5.5.4.2　电脑维护

(1)升级杀毒软件,更新病毒库;

（2）专机专用，不要在考核计算机上运行、安装与考核业务不相干的程序；

（3）接到通知后，及时完成业务程序的升级工作。

5.5.4.3　业务软件日常维护

（1）时时查看软件窗口是否有缺测记录；

注意：业务计算机切勿设置休眠、系统待机和关闭硬盘时间，应全部设为从不，否则业务软件无法正常接收数据。

（2）软件运行是否正常，如不正常，请先关闭后重新开启软件，仍不正常则需重新安装软件。

5.5.5　通信检查

（1）每天检查计算机的软件界面上有没有显示通信错误的消息，请参考软件使用说明书；

（2）如果重启软件、重启计算机仍没有解决问题，请检查采集器工作是否正常；如采集器工作正常，请检查通信电缆、网络电缆是否完好；如采集器工作不正常，需要检查采集器电源，应确保其在 12～15 V；

（3）检查"主板电压"是否在 12～15 V。如果电压过低，可能是停电造成，应留意重新来电后，电压显示是否能够回升；如果电压过高，说明电源系统存在故障。

5.6　故障排除

5.6.1　采集器故障排除

5.6.1.1　主采集器的气象要素缺测

（1）检查各传感器连接与采集器是否正确，并是否正常工作；

（2）用终端操作命令 SENST 检查传感器状态是否为开启状态；

（3）如果上述均正确，则可能是相应的通道损坏，需要更换主采集器。

5.6.1.2　分采集器的气象要素缺测

（1）检查 CAN 总线连接是否正确，终端匹配电阻是否正确；

（2）检查分采集器的 CANopen 指示灯是否正常；

（3）请检查各传感器连接是否正确，并正常工作；

（4）在主采集器上用终端操作命令 SENST 检查传感器状态是否为开启状态；

（5）如果上述均正确，则可能是相应的通道损坏，需要更换分采集器。

5.6.2　RUN 指示灯不亮

使用万用表检查电源，即 CAN 端接口。输入电压需是＋12 VDC。

5.6.3　CANE 指示灯闪烁

（1）检查 CAN 通信线路的线缆是否连接正常；

（2）检查 CAN 通信线路上是否并接了太多的终端电阻。如有，可去除多余的终端电阻；

（3）如进行上述两步故障处理后，等 2 min，CANE 指示灯依然闪烁，可重启 WUSH-BTH 温湿度变送器。

5.6.4 温度值或湿度值异常

（1）检查传感器是否连接正常。

（2）若传感器坏，应更换传感器。

5.6.5 其他异常

（1）检查波特率，缺省波特率为 9600 8 1 N。可以尝试其他可能的波特率。

（2）检查内部连接器的连接是否正常。

5.6.5.1 CF 不能存储文件

（1）通过读卡器在计算机上确认 CF 卡是否存在故障或可用空间是否足够；

（2）CF 卡在使用之前，必须格式化成 FAT32 格式。应当通过读卡器，在计算机上进行格式化操作；

（3）如果可用空间不够，应将根目录下除区站号目录外的其他所有目录和文件全部删除；

（4）检查采集器是否能够正确识别和操作 CF 卡；

（5）观察 RUN 状态指示灯的状态，拔出 CF 卡后，重新插入，或更换 CF 卡，或者通过输入终端操作命令 SAMPLES 来检查，如果响应的最后一行中显示"CF：已插入（已挂载，正常）"，则表明系统已正确识别和操作 CF 卡。否则等 2 min 后，重新用 SAMPLES 检查，如果仍不能显示"正常"信息，则需要拔出 CF 卡后，重新插入，或更换 CF 卡。

5.6.5.2 采集器中存储数据达不到规定的天数

在 Linux 终端中，检查/mnt/data2 目录下是否有多余的目录和文件，在该目录下，只应当存在以下目录和文件：

（区站号目录）lost＋found zzdmgd. dat zzdmsd. dat zzdmrd. dat zzdmod. dat

列出/mnt/data2 目录下的内容：

♯ls/mnt/data2

（1）将多余的文件逐个删除：

♯rm/mnt/data2/文件名 1

♯rm/mnt/data2/文件名 2

（2）将多余的目录逐个删除：

♯rm/mnt/data2/目录名 1-rf

♯rm/mnt/data2/目录名 2-rf

如果具有操作员权限，还可以通过终端操作命令 linux 在串口终端中进行检查和删除操作。

5.6.5.3 不能访问网络

（1）检查网线连接是否正确；

（2）通过终端操作命令 LAN1 将采集器 LAN 功能开启；

（3）通过终端操作命令 MAC 和 IP 检查采集器的 MAC 和 IP 地址是否正确设置，可以重新设置一遍后再尝试访问；

（4）在 debug 口终端中，通过/mnt/data1/zqzawsii/utils/lan up 命令使能 LAN 功能；

（5）用 Linux 的 ifconfig 命令来重新配置网络。

5.6.6　传感器故障排除

5.6.6.1　缺测故障

传感器有故障时表现为：考核软件中相应的传感器缺测。由于本自动站传感器与采集箱是接插件互联，需要检查对应的传感器接线是否松动，电缆是否有短路现象。若接线和电缆均正常，则要查看采集器通道配置是否正确。

5.6.6.2　传感器超差故障

超差故障原因主要有：

（1）传感器本身问题，需要通过更换传感器解决；

（2）采集器通道配置问题，需要重新配置通道参数。

5.6.7　电源故障排除

电源箱内部有空气开关和保险丝等电源保护装置。

处理该类故障时：

请检查空气开关是否在 ON 位置；

开关电源输入交流市电 220 V 是否正常，输出 14.5 V 直流电压是否正常，蓄电池输出 13.8 V 直流电压是否正常；

某一个采集器断电，则检查对应的保险丝是否烧坏。若烧坏，在自动站的资料袋中，备有保险丝，请予以更换。

5.6.8　业务计算机故障排除

5.6.8.1　通信故障

通信故障表现为计算机无法与现场的自动站完成实时通信，则需要检查计算机后的通信模块和电缆是否正常，业务软件通信串口配置是否正确。

注意：业务计算机切勿设置休眠、系统待机和关闭硬盘时间，应全部设为"从不"。否则业务软件无法正常接收数据。

5.6.8.2　操作系统故障

如果由于系统感染病毒而无法正常运行，系统内部安装了"一键恢复功能"，停止业务软件的运行，备份数据后，启用"一键恢复"重新安装操作系统。安装操作系统后需要再次安装考核业务软件。

第三部分　监测预警服务

第 6 章　PUP 雷达软件

6.1　软件安装与使用

6.1.1　专业版

6.1.1.1　注册步骤

（1）找到启动文件 PUP.exe，双击打开。

（2）出现如图 6.1 界面时，输入注册号，如"PUP10-BA75B508"。

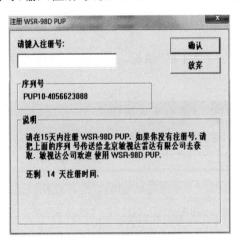

图 6.1　注册 WRS-98D PUP

（3）注册后显示如图 6.2 界面。

图 6.2　注册后界面

（4）打开后如图 6.3。

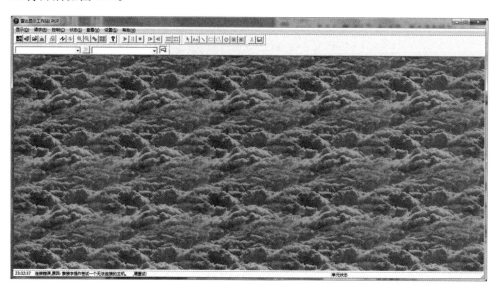

图 6.3　软件主页面

6.1.1.2　调图步骤

（1）提前在计算机"C 盘"新建一个以"Products"命名的文件夹，并将全部雷达图拷贝至此文件夹。

（2）点击软件左上角第三个"打开"图标，选择雷达图所在的文件夹（C:\Products），如图 6.4。

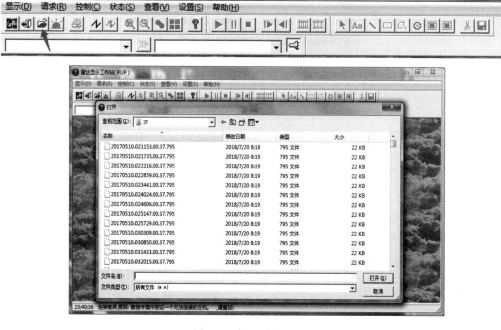

图 6.4　打开文件夹示例

（3）或者也可以通过检索按钮打开，如图 6.5 所示，选择需要的数据打开即可。

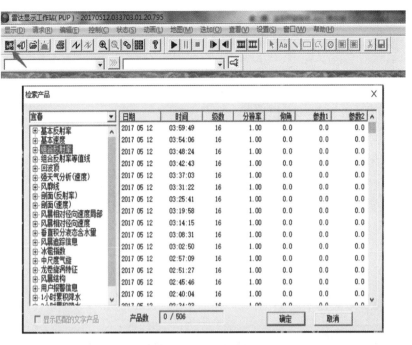

图 6.5　雷达检索数据

（4）选择相应的时间图片，打开后如图 6.6 所示。

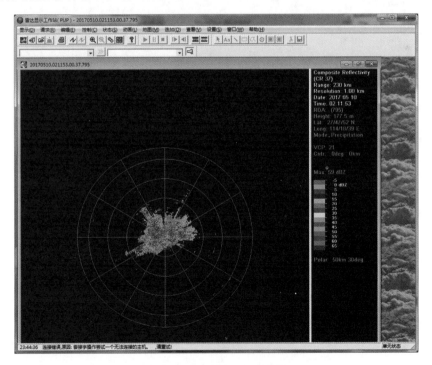

图 6.6　雷达图打开（见彩图）

(5)点击软件状态栏中"地图(M)",后再选择地图设置打开后如图6.7所示。

图6.7 地图设置

(6)根据需要选择相应的项目,如图6.8。

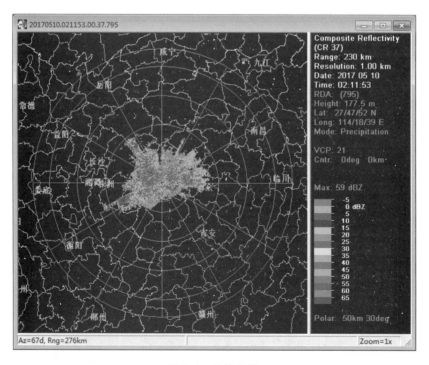

图6.8 具体显示

6.1.1.3 其他功能

(1)放大、缩小。可根据实际情况放大或者缩小雷达图。

(2)播放、暂停、停止。可以播放打开文件夹内的所有雷达图,并可以通过暂停按钮暂停播放,通过停止按钮停止播放。

（3）前后翻页，可以查看向前或向后的雷达图。

（4）叠加冰雹指数，点击后显示如下图 6.9。

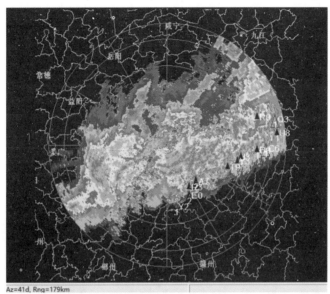

图 6.9　冰雹指数

6.1.2　基础版

（1）找到启动文件 PUP. exe 双击打开，如下图 6.10。

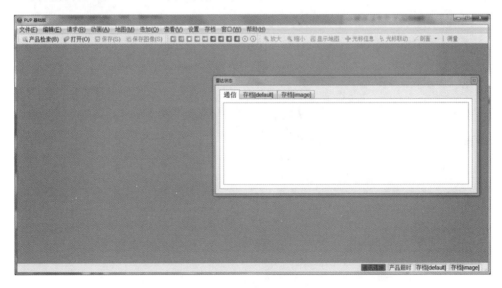

图 6.10　基础版 PUP 打开图

（2）关闭雷达状态窗口。

（3）点击左上角"文件"→"打开"或者直接点击菜单栏第二行"打开"，找到雷达图所在的文件，打开雷达图，如图 6.11、图 6.12。

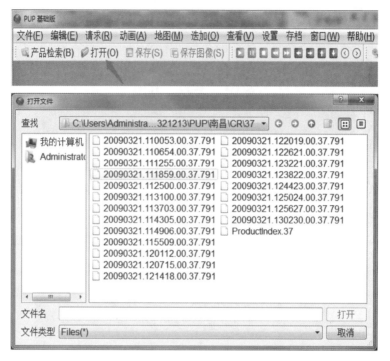

图 6.11　选择雷达图

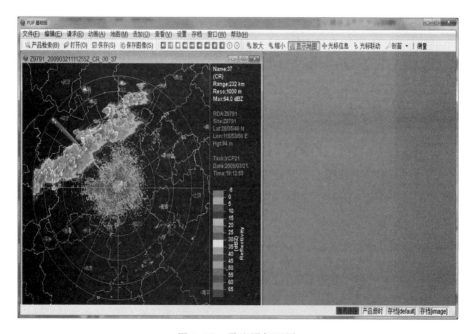

图 6.12　雷达图打开图

　　(4)地图项可以选择显示地图和隐藏地图;前景/背景项选择地图在回波上方显示或者下方显示(图 6.13,图 6.14)。

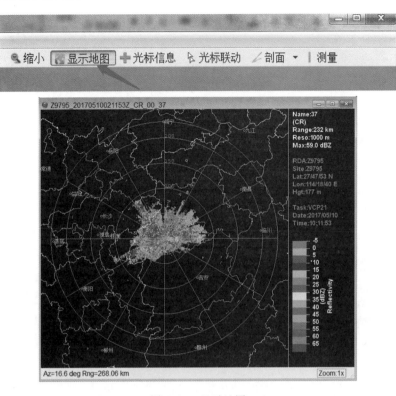

图 6.13　显示地图

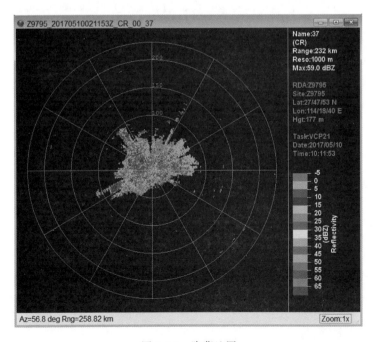

图 6.14　隐藏地图

（5）光标放到雷达图上，滑动滑轮即可放大或者缩小地图。

（6）"光标信息"，点击此项，可以弹出光标信息，鼠标在雷达图上再次点击，在光标信息中心会显示当前点的具体信息，如图6.15。

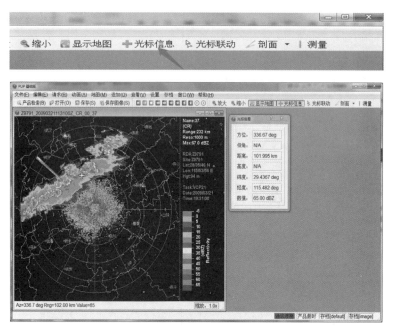

图6.15　雷达光标信息图

（7）光标在雷达图上单击鼠标右键，第一项平滑（注意：平滑会让一些微小的回波特征消失），可以选择1～3对应的数字，可以将雷达图的边界变得光滑，如图6.16，图6.17。

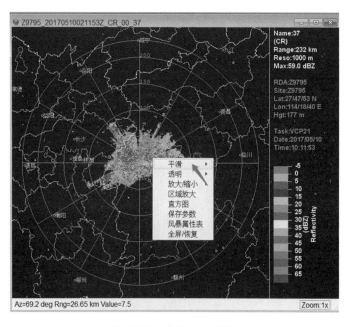

图6.16　非平滑回波图

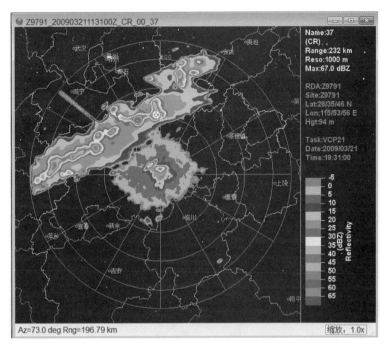

图 6.17　平滑回波图

6.2　数据产品

6.2.1　雷达数据产品

如图 6.18 所示。

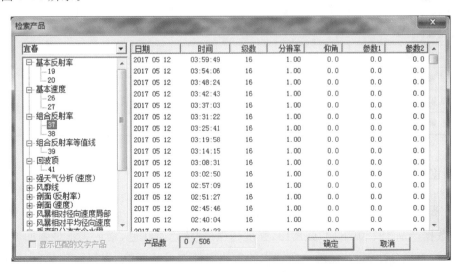

图 6.18　雷达数据产品

6.2.2　雷达数据产品分类

雷达数据产品分类如表 6.1 所示。

表 6.1　雷达数据产品分类

名称	序号	解释
基本反射率	19	强度越强(颜色趋向红色、紫色)越容易产生降水
	20	
基本速度	26	暖色调远离雷达(正向),冷色调朝向雷达(负向)
	27	
组合反射率	37	判定整个形势的范围,大小,强度
	38	
组合反射率等值线	39	
回波顶	41	
强天气分析(速度)	44	
风廓线	48	
剖面(反射率)	50	
	85	
剖面(速度)	51	
风暴相对径向速度	55	
风暴相对平均径向速度	56	
垂直积分液态水含量	57	判断冰雹的指标,深化能够判断短时强降水
风暴追踪信息	58	
冰雹指数	59	叠加后,可以判断冰雹的出现概率
中尺度气旋	60	有中尺度,证明强对流强度很强
龙卷涡旋特征	61	
风暴结构	62	
用户报警信息	73	
1 h 累计降水	78	判断短时强降水的形式指标
3 h 累计降水	79	判断短时强降水的形式指标

6.2.3　数据产品查看

6.2.3.1　基本反射率

雷达数据产品 19、20(下同)强度图,强度越强(颜色趋向红色,紫色表示最强回波)越容易产生降水(注意区分冰雹)。熟悉一些特殊的雷达回波如弓状回波(大风),钩状(大风【龙卷】、冰雹、短时强降水),飑线(大风、短时强降水【列车效应】、冰雹),具体要结合其他产品判定(图 6.19)。

图 6.19　基本反射率强度图(产品 20,见彩图)

6.2.3.2　基本速度

26、27 为雷达回波径向速度图,通过径向速度可基本判定回波走向、移动的速度,这样可判定降水的持续时间和量级。暖色调远离雷达(正向),冷色调朝向雷达(负向)(图 6.20)。

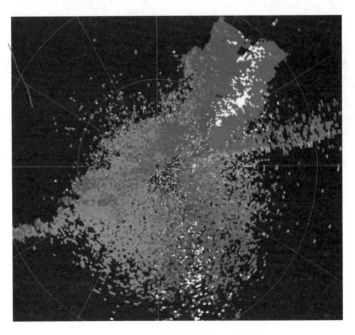

图 6.20　基本速度图(见彩图)

6.2.3.3 组合反射率

37、38 是不同层次回波的叠加,可以判定整个形势的范围、大小、强度(图 6.21)。

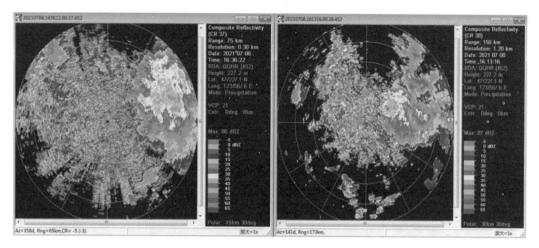

图 6.21 组合反射率图(见彩图)

6.2.3.4 1、3 h 降水

78、79 可判断短时强降水的形式指标,也可以为预警信号的撰写提供帮助(图 6.22)。

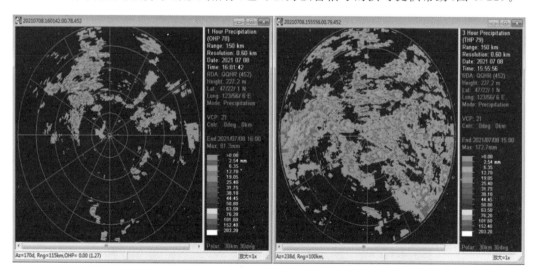

图 6.22 降水(见彩图)

其他的如剖面可以判定回波顶高、垂直液态水含量、冰雹指数。基于以上产品回波特征判定降水类型。

第 7 章　服务材料的撰写与规范

7.1　决策服务材料

7.1.1　结构形式

题头、期数、单位、发布时间、签发、正文内容、制作、抄送。

7.1.2　正文内容

包含标题、实况分析及预报内容、预警信号发布情况、影响与建议（或关注与建议）。

预报内容为：受哪些系统影响、产生哪些类型天气及发展趋势、影响起止时间、影响落区（图 7.1）。

7.1.3　撰写服务材料主要把握两个方向

7.1.3.1　标题

"标题"是核心，其内容要鲜明，要引起决策者的注意，使其明确需要注意的事项。

7.1.3.2　正文内容

"正文内容"是对主题的说明。段落里要抓主要信息，突出重点，忌叙述平淡，重要信息被淹没，不能引起决策者的注意。

7.1.4　影响与建议

"影响与建议"具有可操作性、针对性和前瞻性，可根据相关预警信号的防御指南撰写，一般描述 5 条左右，要与当地的生产生活和地理环境相匹配。可按照以下顺序撰写：

（1）政府及相关部门做出的应急反应；

（2）确保人员安全的建议，如人员尽量避免外出，外出人员立即到安全地点躲避；

（3）与人员安全有关的物品、交通、城市运行等建议，如注意广告牌、交通安全、城市内涝等；

（4）山洪、泥石流、中小河流洪水风险，此建议一般与水利部门和自然资源局联合发布。因强降水可能引发气象衍生灾害时，必须提及此类建议。

7.1.4.1　暴雨

（1）此次强降雨过程会对城市安全运行造成一定影响，并可能引发地质灾害，请相关部门例：

重要气象信息

××××年第××期

××××气象局（台）　×××年××月××日　签发人：×××

降雪、大风预报
<small>（标题）</small>

　　一、实况分析

　　过去×小时内××（哪里）出现××（短时强降水、冰雹、大风），××时发布××预警信号。

　　二、具体天气过程预报

　　受××（高空冷涡、地面气旋）的影响，预计××（具体预报时间）××县将出现一次××（降雪）天气过程，（此处可填具体范围和量级）。主要降雪时段集中在××（集中时间）。

　　三、影响与建议（关注与建议）

　　1.××××××××××××。

　　2.××××××××××××。

　　3.××××××××××××。

　　4.××××××××××××。

抄送：××××，××××，××××

制作：×××　　　　　　　　　　　　审核：×××

图 7.1　决策服务材料模板

做好相应的防范准备；

　　（2）强降水容易造成城市地道桥、低洼地段出现积水，上班早高峰易出现交通拥堵，请提前做好安排，防范交通事故；

　　（3）强降水对市民生活带来较大影响，公众出行应关注天气变化和预报预警信息，增强防范意识。

7.1.4.2　冰雹

　　（1）政府及相关部门按照职责做好防冰雹的应急工作；

(2)气象部门做好人工防雹作业准备并择机进行作业;

(3)户外行人立即到安全的地方暂避;

(4)驱赶家禽、牲畜进入有顶篷的场所,妥善保护易受冰雹袭击的汽车等室外物品或者设备;

(5)注意防御冰雹天气伴随的雷电灾害。

7.1.4.3 雷雨大风

(1)做好防风、防雷电准备;

(2)注意有关媒体报道的雷雨大风最新消息和有关防风通知,学生停留在安全地方;

(3)把门窗、围板、棚架、临时搭建物等易被风吹动的搭建物固紧,人员应当尽快离开临时搭建物,妥善安置易受雷雨大风影响的室外物品;

(4)妥善保管易受雷击的贵重电器设备,断电后放到安全的地方;

(5)危险地带和危房的居民应到避风场所避风,千万不要在树下、电杆下、塔吊下避雨,出现雷电时应当关闭手机;水上作业及过往船舶应回港避风;

(6)切断霓虹灯招牌及危险的室外电源;

(7)停止露天集体活动,立即疏散人员;

(8)高空、水上等户外作业人员停止作业。

7.2 预警信号发布

以下各类预警信号标准为中国气象局第 16 号令《气象灾害预警信号发布与传播办法》中标准,竞赛中有与第 16 号令不同的要求,要注意查看竞赛要求,根据竞赛要求标准去写预警信号(图 7.2)。

7.2.1 暴雨(短时强降水)

对流暴雨/短时强降水 20 mm/h 以上,北方 10 mm/h 以上,南方 30 mm/h 以上。

竞赛中一般只设置两个等级,暴雨蓝色和红色预警信号(暴雨蓝色:2 h 内将出现 1 h 20～39.9 mm 降水;暴雨红色:2 h 内将出现 1 h 40 mm 及以上降水)

7.2.1.1 暴雨蓝色预警信号

标准:12 h 内降雨量将达 50 mm 以上,或者已达 50 mm 以上且降雨可能持续。

防御指南:

(1)政府及相关部门按照职责做好防暴雨准备工作;

(2)学校、幼儿园采取适当措施,保证学生和幼儿安全;

(3)驾驶人员应当注意道路积水和交通阻塞,确保安全;

(4)检查城市、农田、鱼塘排水系统,做好排涝准备。

7.2.1.2 暴雨红色预警信号

标准:3 h 内降雨量将达 100 mm 以上,或者已达 100 mm 以上且降雨可能持续。

防御指南:

(1)政府及相关部门按照职责做好防暴雨应急和抢险工作;

气象灾害预警信号

第＊＊＊＊＊＊＊号 签发：＊＊＊

预警信号名称

图标

标准：＊＊＊＊＊气象台＊＊月＊＊日＊＊时＊＊分发布＊＊＊＊＊预警信号：预计

未来＊＊小时内＊＊地区＊＊＊＊＊＊＊＊＊＊＊＊＊＊＊＊＊＊＊＊＊＊＊＊＊＊＊＊＊＊＊＊＊＊＊。

请有关单位和个人注意做好预防工作。

防御指南：

    1. ＊＊＊＊＊＊＊＊＊＊；

    2. ＊＊＊＊＊＊＊＊＊＊；

    3. ＊＊＊＊＊＊＊＊＊＊；

    4. ＊＊＊＊＊＊＊＊＊＊；

    5. ＊＊＊＊＊＊＊＊＊＊。

＊＊＊＊气象台＊＊＊＊年＊＊月＊＊日＊＊时＊＊分

图 7.2　预警信号模板

（2）停止集会、停课、停业（除特殊行业外）；

（3）做好山洪、滑坡、泥石流等灾害的防御和抢险工作。

7.2.2　冰雹

竞赛中一般只设置一个等级（冰雹红色，一般以冰雹直径的大小来划分，一般直径大于 20 mm，注意题目会给出站点或站点范围出现冰雹即算做出现冰雹）。

标准：2 h 内出现冰雹可能性极大，并可能造成重雹灾。

防御指南：

（1）政府及相关部门按照职责做好防冰雹的应急和抢险工作；

（2）气象部门适时开展人工防雹作业；

（3）户外行人立即到安全的地方暂避；

（4）驱赶家禽、牲畜进入有顶蓬的场所，妥善保护易受冰雹袭击的汽车等室外物品或者设备；

（5）注意防御冰雹天气伴随的雷电灾害。

7.2.3　雷雨大风

竞赛时雷雨大风的标准是大风和短时强降水均达到蓝色或以上标准，把其中高级别的预警信号写在前面，低级别的预警信号用"同时伴有"连接词进行附加。竞赛时，有时称为雷暴大风。

7.2.3.1　雷雨大风黄色预警信号

标准：6 h 内可能受雷雨大风影响，阵风 8 级以上并伴有雷电；或者已经受雷雨大风影响，或阵风 8～9 级并伴有雷电，且可能持续。

防御指南：

（1）做好防风、防雷电准备；

（2）注意有关媒体报道的雷雨大风最新消息和有关防风通知，学生停留在安全地方；

（3）把门窗、围板、棚架、临时搭建物等易被风吹动的搭建物固紧，人员应当尽快离开临时搭建物，妥善安置易受雷雨大风影响的室外物品。

7.2.3.2　雷雨大风橙色预警信号

标准：6 h 内可能受雷雨大风影响，阵风 10 级以上并伴有强雷电；或者已经受雷雨大风影响，阵风 10～11 级并伴有强雷电，且可能持续。

防御指南：

（1）做好防风、防雷电准备；

（2）注意有关媒体报道的雷雨大风最新消息和有关防风通知，学生停留在安全地方；

（3）把门窗、围板、棚架、临时搭建物等易被风吹动的搭建物固紧，人员应当尽快离开临时搭建物，妥善安置易受雷雨大风影响的室外物品；

（4）妥善保管易受雷击的贵重电器设备，断电后放到安全的地方；

（5）危险地带和危房的居民应到避难场所避风，千万不要在树下、电杆下、塔吊下避雨，出现雷电时应当关闭手机；水上作业及过往船舶应回港避风；

（6）切断霓虹灯招牌及危险的室外电源；

（7）停止露天集体活动，立即疏散人员；

（8）高空、水上等户外作业人员停止作业。

7.2.3.3　雷雨大风红色预警信号

标准：2 h 内可能受雷雨大风影响，阵风可达 12 级以上并伴有强雷电；或者已经受雷雨大风影响，阵风为 12 级以上并伴有强雷电，且可能持续。

防御指南：

（1）进入特别紧急防风状态；

（2）相关应急处置部门和抢险单位随时准备启动抢险应急方案；

（3）注意有关媒体报道的雷雨大风最新消息和有关防风通知，学生停留在安全地方；

(4)把门窗、围板、棚架、临时搭建物等易被风吹动的搭建物固紧,人员应当尽快离开临时搭建物,妥善安置易受雷雨大风影响的室外物品;

(5)妥善保管易受雷击的贵重电器设备,断电后放到安全的地方;

(6)危险地带和危房的居民应到避风场所避风,千万不要在树下、电杆下、塔吊下避雨,出现雷电时应当关闭手机;水上作业及过往船舶应回港避风;

(7)切断霓虹灯招牌及危险的室外电源;

(8)停止露天集体活动,立即疏散人员;

(9)高空、水上等户外作业人员停止作业;

(10)人员切勿外出,确保留在最安全的地方;

(11)相关应急处置部门和抢险单位随时准备启动抢险应急方案;

(12)加固港口设施,防止船只走锚和碰撞。

第8章　雷达产品案例分析

8.1　强对流天气的定义

强对流天气指的是发生突然、天气剧烈、破坏力极强,常伴有雷雨大风、冰雹、龙卷、局部强降雨、飑线等强烈对流性灾害天气,是具有重大杀伤性的灾害性天气之一。强对流天气发生于中小尺度天气系统,空间尺度小,一般水平范围大约在十几千米至二三百千米。有的水平范围只有几十米至十几千米,其生命史短暂并伴有明显的突发性,约为一小时至十几小时,较短的仅有几分钟至一小时。

8.2　形成原因

强对流天气其实是强烈的空气垂直运动而导致的天气现象。当然各类强对流天气形成的物理过程是不完全相同的,这与下垫面的动力和热力作用的影响有很大的关系,而且强对流天气是以大尺度天气系统为背景,大尺度天气系统影响或决定着中小尺度天气系统的生成、发展和移动过程(图 8.1)。

飑线、龙卷、下击暴流和雷雨大风最突出的气象要素之一是强风。

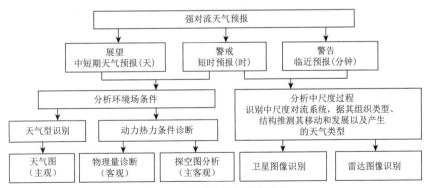

图 8.1　强对流天气预报流程

8.3　冰雹的监测与预警

有利于冰雹生长的环境,条件是上干下湿,具有较强而深厚的垂直风切变和强上升气流

（大的对流有效位能）。适宜的大气 0 ℃和－20 ℃高度,0 ℃层高度一般在 4 km 左右,－20 ℃层高度在 7.5 km 附近或以下有利于冰雹生长。

8.3.1 我国冰雹分布概况

我国幅员辽阔,地形复杂,是发生冰雹灾害较多的国家。冰雹是我国夏半年主要灾害性天气之一。青藏高原是我国最大的多雹区,平均每年有雹日数在 10 d 以上。从青藏高原东北部出祁连山,六盘山,经黄土高原到内蒙古高原,包括华北和东北部分地区,是全国范围最宽、最长的一条北方多雹地带。南方多雹带从云贵高原向东出武陵山,经幕阜山到浙江的天目山,断续地呈带状分布。

淮河流域以南春季(2—5月)多雹,青藏高原和其他高山地区 6—9 月多雹,淮河流域以北是春末夏初(5—6月)多雹;东北地区和青藏高原南侧则是初夏(5—6月)和秋季(9—10月)多雹。

降雹有明显的日变化,我国大部分地区,降雹多出现在地方时 13:00—19:00,以 14:00—16:00 为最多。但在四川盆地往东到湘西,鄂西南一带,受青藏高原影响,夜间降雹比白天多。

8.3.2 大气环流特征

地面气旋对冰雹发生很有利,辐合线和湿舌影响明显,925 hPa 的急流和切变线对冰雹的指示意义较强,暖平流输送和温度脊的存在表现明显。850 hPa 暖平流影响比例较高,有急流及显著流线条件的比例较大,低层辐合加强上升运动,有利于冰雹天气的形成。700 hPa 冷暖平流所占比例相当,有急流及显著流线条件的所占比例较大,春秋季节急流与显著流线的影响显著。500 hPa 以冷平流为主,急流和显著流线所占比例较大,500 hPa 冷槽对冰雹有很好的指示意义。

8.3.3 基本物理量特征

地面分析气压场、湿度、温度等。

925 hPa 主要分析包括风、温度、湿度等,850 hPa 和 700 hPa 主要分析风、温度、湿度、温度差和一些常用物理量指数等。

500 hPa 主要分析包括风、温度、位势高度、变温和变高等。

有利于冰雹发生的显著指标,各层 24 h 变温变高以负值为主,低层对湿度要求较大,尤其是春秋季节,700 hPa 以上各层对湿度要求不高。500 hPa 的干冷空气活动有利于冰雹发展,850 hPa 与 500 hPa 温差在 17～33 ℃,以 24 ℃为阈值,700 hPa 与 500 hPa 温差以 16 ℃为阈值,各层以气旋式上升,有利于冰雹发展。

8.3.4 大冰雹的天气雷达识别

8.3.4.1 反射率因子回波特征

高悬的强回波:50 dBZ 的反射率因子垂直扩展到－20 ℃等温线以上。

低层弱回波区 WER 和中高层回波悬垂。

低层反射率因子强梯度和回波顶偏移。

有界弱回波区 BWER。由于云中大冰雹、大水滴等大粒子对电磁波的强衰减作用,雷达探测时电磁波不能穿透大粒子(冰雹)区,在大粒子(冰雹)区后半侧形成的所谓的"V"型缺口。图 8.2 中 A 区即"V"型缺口。

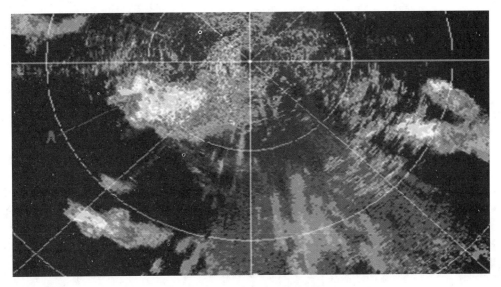

图 8.2　反射率因子回波图(见彩图)

8.3.4.2　三体散射现象

三体散射现象是指由于雷达能量在强反射率因子(回波很强)区向前散射而形成的异常回波。强反射率因子区与强冰雹联系密切。所谓的强回波区域典型的回波强度通常大于 60 dBZ,但偶尔反射率因子也可能低至 57 dBZ(图 8.3,图 8.4)。

8.3.4.3　径向速度特征

图 8.5 中流场气流方向由低层辐合逐渐变为辐散,在高层风暴顶辐散十分明显。

风暴顶辐散是与风暴中强上升气流密切相关的小尺度特征,它的存在是冰雹云发展的一个重要条件,风暴顶辐散的存在,使得强上升气流得以维持,有利于冰雹的增长;风暴顶辐散存在使云中的凝结潜热及时扩散,使对流机制得以维持,有利于大冰雹的形成。

8.3.5　冰雹云回波单体特征

雷达气象学家经过长期的研究发现,在雷达图上,冰雹具有以下主要的雷达回波特征:

(1)高悬的强回波;

(2)低层反射率因子的强梯度区,一侧出现低层弱回波区(WER)和中层以上的回波悬垂,在超级单体风暴情况下,还经常出现有界弱回波区(BWER)结构,图 8.6 中 A 是有界弱回波区;

(3)有时候也会出现旁瓣回波特征,以及 C 波段"V"型缺口和中气旋;

图 8.7(1~6)由许多分散的块状回波单体组成,高显回波呈柱状,平显呈块状,回波边缘比较清楚。

(4)根据微波散射理论,由于云中冰雹的尺度比大水滴大等原因,冰雹云的雷达回波总是大于同地区同季节出现的普通雷暴的回波强度,因此,冰雹云的雷达回波强度是所有对流云回波中最强的；

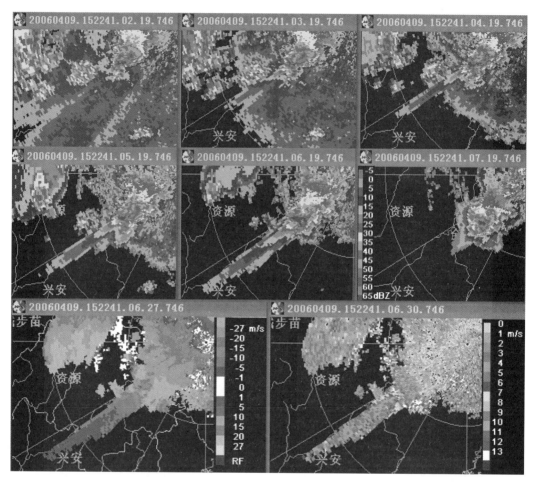

图 8.3　三体散射雷达图(见彩图)

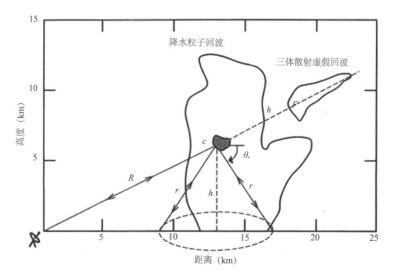

图 8.4　三体散射示意图

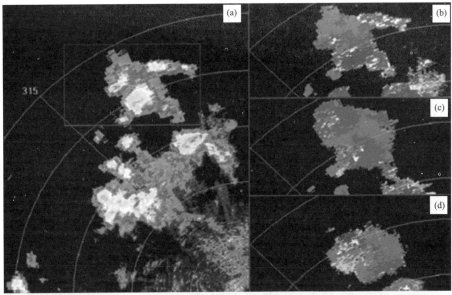

图 8.5　(a)为强度,(b)、(c)、(d)分别为 1.0°、3.0°、5.0°仰角的速度(见彩图)

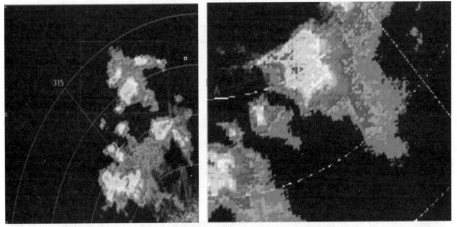

图 8.6　冰雹云的有界弱回波图(见彩图)

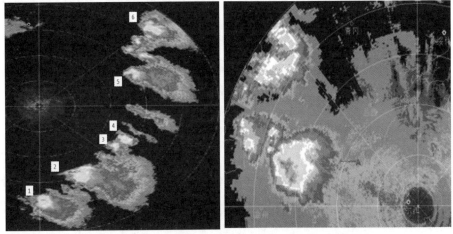

图 8.7　冰雹云的雷达回波强度(见彩图)

(5)由于冰雹云中的上升气流强于普通雷暴,所以冰雹云雷达回波的高度也是最高的(图8.8);

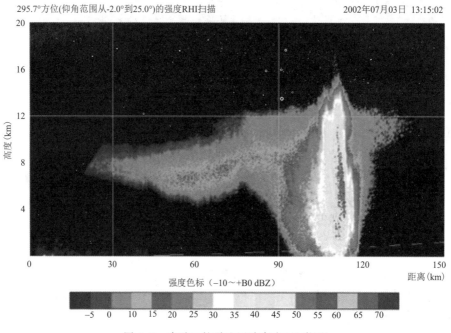

图 8.8　冰雹云的雷达回波高度(见彩图)

(6)由于冰雹云中通常存在一个强大旋转上升气流,在它的作用下,冰雹云前侧入流方向上会形成一个包含云雨粒子,但不包含降水粒子的弱回波区域,也被称作前侧"V"型槽口。槽口区强度梯度较大,是气流进入风暴的方向。有界弱回波区是判别冰雹云的重要指标,它的存在表明风暴中有强烈的上升气流,有利于大冰雹的形成。

8.3.6　降雹回波类型

由于冰雹云回波并不会总是孤立出现(超级单体降雹在统计中较少出现),大多数时候是出现在回波云带中,因此,分析不同云型降雹特征,从中分辨出降雹云位置,对冰雹预报尤其重要。

8.3.6.1　混合云降雹

混合云降雹多数发生在5—6月,混合云中回波结构密实,可以明显地分析出冰雹云回波特征,但是回波顶高比单体略低,多数在 8~12 km,相应的强回波高度也略低。混合云经常可以观测到,"弱回波区"、大的强度梯度、"速度模糊""牛眼"风切变、低层辐合高层辐散特征,可分析出入流区、环境风场切变和高低的大风速区(图8.9)。

8.3.6.2　对流云单体降雹

对流云降雹可分为:有序多单体、无序多单体、单单体。对流云回波易产生在大片云系的前后,根据不同季节,单体特征差别很大。4、5、10月的单体回波非常弱,属于弱对流云,无明显雷暴云特征。而6—8月的单体有明显的强风暴特征,回波强度大。多数可达 55 dBZ 以上,回波顶高 10 km 以上,强中心高度 6 km 以上,(北部地区略低)可观测到"弱回波区""三体散

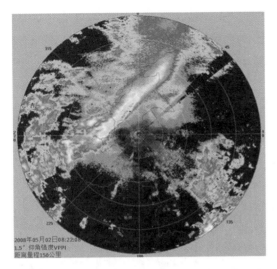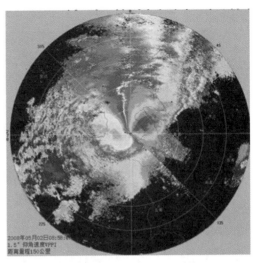

图 8.9　混合云降雹雷达回波(见彩图)

射""旁瓣""中气旋""风切变"、风暴顶辐散特征。有序多单体可以成条状或团状,在移动路径上生—消变化,即不断的加强—减弱循环过程,影响时间长、范围广(图 8.10)。

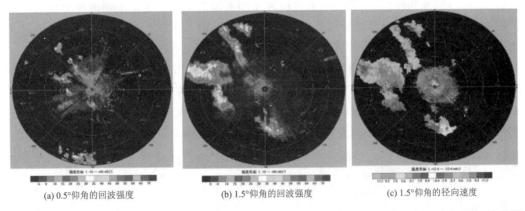

(a) 0.5°仰角的回波强度　　　　(b) 1.5°仰角的回波强度　　　　(c) 1.5°仰角的径向速度

图 8.10　2002 年 8 月 14 日(a)19:23、(b)19:43、(c)19:43 涡后西北气流一次降雹过程雷达回波(见彩图)

8.4　龙卷

龙卷产生的有利条件分别是低的抬升凝结高度和近地面层(0~1 km)较大的垂直风切变。龙卷的垂直风切变远远大于冰雹和雷雨大风,尤其是中低层的风切变,整体而言风暴相对螺旋度的高值区对龙卷有一定的指示预警作用。

8.4.1　超级单体龙卷

龙卷在雷达回波上的强度都有以下共同的特征:

(1)龙卷的雷达反射率因子很强,强度通常都在 50 dBZ 以上;

(2)龙卷回波多有前倾结构;

（3）超级单体风暴龙卷回波会有"钩状回波""弱回波区""出流边界"等特征回波（图8.11）；

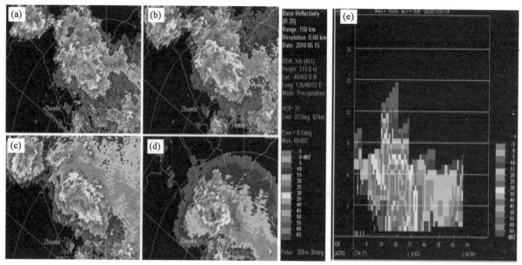

图8.11　钩状回波特征图钩状回波（a～d）2010年5月15日，17:46　0.5°、1.5°、2.4°、6.0°仰角；
（e）18:26有界弱回波垂直剖面图（见彩图）

（4）龙卷的识别和预警，主要是根据径向速度图上识别出的中等以上强度的中气旋。

但是，钩状回波不是经常能探测到的，它与雷达探测时波束轴线在强风暴中的位置以及与雷达的距离有关。与有界弱回波区相伴出现的钩状回波是超级强雷暴的象征。

龙卷识别和预警另外一个重要标志是龙卷涡旋特征（TVS），它是指在雷达径向速度图上识别到一种与龙卷紧密相联的比中气旋尺度小、旋转快的涡旋，在速度图上表现为像素到像素有很大的风切变，TVS在一般情况下很少出现，只有在有强大的龙卷或者那些非常靠近雷达的龙卷才能探测到相应的TVS（图8.12）。

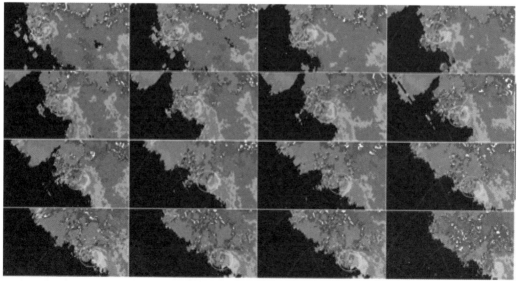

图8.12　风暴中的中气旋结构（1.5°仰角，对应时间从左至右，从上至下分别为17:35、17:41、17:46、
17:52、17:58、18:03、18:09、18:15、18:20、18:26、18:32、18:38、18:43、18:49、18:55、19:06，见彩图）

8.4.2　非超级单体龙卷

这类龙卷常发生在辐合切变线上以及飑线或弓形回波的前沿，通常与边界层内浅薄的微气旋相联系，预警比较困难。

8.5　雷雨大风

8.5.1　雷雨大风的监测与预警

(1)强下沉气流；

(2)下沉气流构成冷池前沿阵风锋；

(3)快速移动对流系统中的动量下传；

(4)低层强暖湿入流；

(5)雷雨大风天气时，大气层结垂直结构有一个明显的特征，即对流层中层存在一个相对干的气层，对流层中下层的环境温度直减率较大，且越接近于干绝热越有利。雷暴大风识别主要关注是否有中气旋、弓形回波、阵风锋和强中层辐合等。当雷暴在距离雷达 65 km 以内时，除了弓形回波、中层径向辐合和中气旋，主要看低空是否有径向速度超过 20 m/s 以上的大值区存在(图 8.13)。

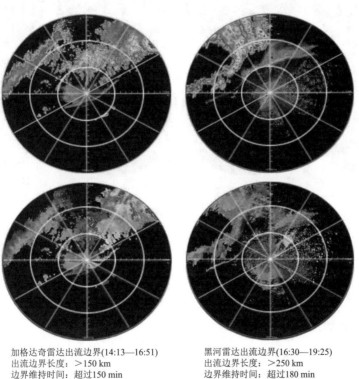

加格达奇雷达出流边界(14:13—16:51)
出流边界长度：>150 km
边界维持时间：超过150 min
地面最大径向速度：>22 m/s

黑河雷达出流边界(16:30—19:25)
出流边界长度：>250 km
边界维持时间：超过180 min
地面最大径向速度：>35 m/s

图 8.13　雷暴大风图(见彩图)

8.5.2 较强垂直风切变条件下的雷暴大风

(1)飑线;

(2)弓形回波;

(3)超级单体风暴。

如:2014年6月2日,黑龙江北部出现强对流天气,对流云带先后触发生成了两个出流边界线,两个出流边界线均为快速移动型出流边界,影响范围大,维持时间长,所经过的地方均出现了较大的地面风(图8.14)。

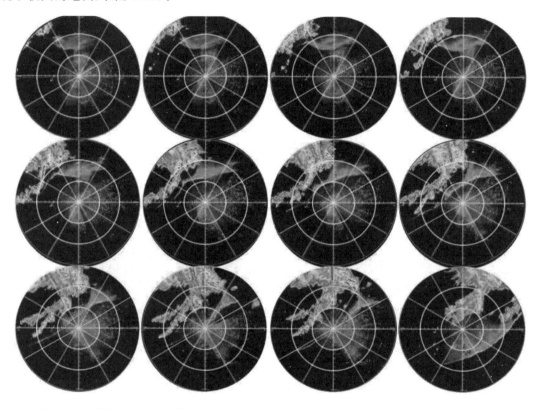

图8.14 飑线演变过程图(时间从左至右,从上至下15:34、16:06、16:18、16:30、16:42、17:00、
17:12、17:24、17:36、17:48、18:00、18:43,见彩图)

8.6 短时强降水

8.6.1 短时强降水的监测与预警

(1)相对强的回波持续相对长的时间产生暴雨;

(2)雨强估计(潜势估计与根据雷达回波实时估计);

(3)持续时间估计;

(4)降水持续时间与沿降水系统移动方向的尺度和移动速度有关。如果要使降水持续时

间较长,要求至少满足下列条件之一或者都满足:

①系统移动较慢;

②系统沿着雷达回波移动方向的强降水区域尺度较大。

如图 8.15 所示。图中 C_s 表示降水系统移动速度,L_s 表示系统沿着其移动方向的尺度。

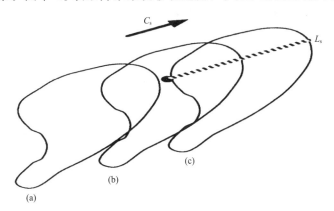

图 8.15 降水持续时间图

图 8.15a 为系统刚刚遇到该点;

图 8.15b 为系统的一半移过该点;

图 8.15c 为系统正要离开该点。对于图中所示的不对称系统,不同的地点将对应不同的 L_s 值,而同样的地点,C_s 的不同取向也将产生不同的 L_s 值。

如图 8.16 所示为不同移动方向的线性对流系统对某一点上降水率(R)随时间(time)变化的影响示意(等值线和阴影区指示反射率因子的大小)。

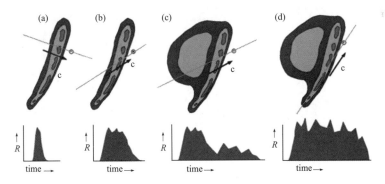

图 8.16 回波形状、走向与降水量的关系图

图 8.16a 为一个对流雨带通过该点的移动方向与对流雨带的主轴垂直;

图 8.16b 为对流雨带的移动方向与其主轴间夹角较小;

图 8.16c 为对流雨带后部有一个中等雨强的层云雨区;

图 8.16d 为对流雨带的移动方向与其主轴近乎平行。

8.6.2 短时强降水判断方法

0.5°R 看回波强度和持续时间,>40 dBZ,2 mm/体扫,持续 9~12 个体扫;>45 dBZ,

5 mm/体扫,持续 4～6 个体扫;>50 dBZ,10 mm/体扫,持续 2～3 个体扫;>55 dBZ,20 mm/体扫,持续 1～2 个体扫。

注意南北方的标准差异,陆地和海洋性气候的差异,应熟记地形暴雨的特点。同时大陆强对流型降水和热带海洋型降水的雨强不一样,同样的反射率因子,大陆强对流型降水对应的雨强明显低于热带海洋型降水的雨强,反射率因子越大,差异越大,如表 8.1 所示。

表 8.1 反射率因子为 40、50、60、65 dBZ 雨强参考值表

反射率因子(dBZ)	40	50	60	65
大陆型降水(mm/h)	12	63	328	747
热带型降水(mm/h)	20	129	814	2045
层状云降水(mm/h)	12	49	205	421

第 9 章　T-lnp 图分析与应用

9.1　T-lnp 图结构

T-lnp 图上的横坐标是温度,自左向右温度升高。纸质 T-lnp 图上用摄氏温标表示的横坐标范围为 $-85\sim40$ ℃,纵坐标为气压的对数,为了简便起见,纵坐标上只显示气压 p 的值,自下向上递减。在纸质 T-lnp 图上,气压标值从 1000 hPa 为基准线降到 200 hPa,再从 250 hPa 降到 50 hPa 时重复使用该纵坐标。

9.1.1　T-lnp 图绘制

9.1.1.1　绘制温度层结曲线

【意义】表示测站上空大气温度随高度的垂直分布情况。

【求法】根据探空资料中各个高度的气压和温度记录,点绘在 T-lnp 图中相应的位置上,然后相邻两点用折线连接,就可得到温度层结曲线。

9.1.1.2　绘制露点层结曲线

【意义】反映测站上空湿度随高度的垂直分布情况。

【求法】根据探空资料中各个高度的气压和露点记录,点绘在 T-lnp 图中相应的位置上,然后相邻两点用折线连接,就得到露点层结曲线。

9.1.1.3　绘制状态曲线

【意义】表示气块在绝热上升过程中温度随高度的变化情况。

【求法】初始气块(气压 p,温度 T)先沿着干绝热线上升,到达抬升凝结高度后,沿湿绝热线上升,所组成的曲线为状态曲线(图 9.1)。

9.1.2　抬升凝结高度(Lifting Condensation Level,LCL)

【意义】抬升凝结高度是动力作用(外力)导致的凝结高度。一般而言,该凝结高度为层状云的云底高度。

【求法】假设初始气块的气压为 p,温度为 T,露点为 T_d。首先作以下两条辅助线:

(1)初始气压 p 和温度 T 的交点沿干绝热线上升;

(2)初始气压 p 和露点 T_d 的交点沿着等饱和比湿线上升,两条线的交点即为抬升凝结高度 LCL。

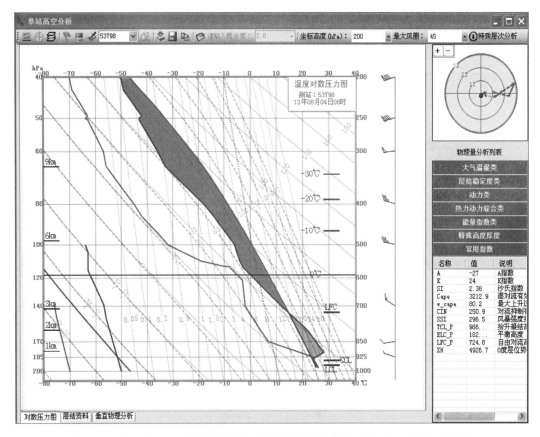

图 9.1 T-$\ln p$ 图(红色温度层结曲线,绿色露点层结曲线,蓝色状态曲线,见彩图)

9.1.3   自由对流高度(Level of Free Convection,LFC)

【意义】自由对流高度是(T_p-T_e)(其中 T_p 是气块温度,T_e 为环境温度)由负值转正值的高度。即在 LFC 之下,气块温度低于环境温度,气块受到向下的负浮力;在 LFC 之上,气块温度高于环境温度。过了此高度,气块受到向上的正浮力,此时气块可以自由上升而不需要借助外力。当气块温度再次比环境温度低时,气块又受到向下的负浮力。注意,有时温度层结曲线和状态曲线没有交点,因此自由对流高度不一定每次都能得到。

【求法】从 LCL 沿着湿绝热线上升,与层结曲线的第一个交点即为自由对流高度 LFC。

9.1.4   对流凝结高度(Convective Condensation Level,CCL)

【意义】对流凝结高度常与对流温度配合起来使用,它们的热力学本质在于描述由于太阳辐射加热作用,地面温度不断升高而产生热对流的过程。对流凝结高度也被看成是热力对流产生的积云的云底高度,它是热力作用所导致的凝结面(请对比抬升凝结高度)。

【求法】由地面气压 p_0 和露点 T_{d0} 的交点沿着等饱和比湿线上升,与温度廓线相交,交点所在的高度就是对流凝结高度 CCL。

【注】CCL 有多种求解方法,这里介绍的求法是假设地面露点在地面增温、湍流混合前后没有变化,实际应用时也可以考虑 T_d 有变化的情况,如先计算地面及以上 100 hPa 的平均比

湿,再求该平均比湿线与温度廓线的交点得到对流凝结高度 CCL。

9.1.5 对流温度(T_c)

【意义】当地面受到太阳辐射加热作用后,开始形成热力对流时的地面温度。它是一个地面临界温度。

【求法】从对流凝结高度 CCL 沿着干绝热线下降到地面时具有的温度(T_c)。

9.1.6 平衡高度(Equilibrium Level,EL,也称为对流上限)

【意义】平衡高度是(T_p-T_e)由正值转负值的高度,又称中性浮力层。EL 之上,气块温度低于环境温度。依照气块理论:当气块上升到平衡高度时,垂直加速度等于零,垂直速度将减小,但注意不等于零。该高度是经验云顶。在气流过山过程中,此高度可视为山前云层的云顶高度。

【求法】通过自由对流高度的状态曲线继续向上延伸,并再次和层结曲线相交之交点所在的高度。

9.1.7 等面积高度(Equal Area Level,EAL)

【意义】一旦过了平衡高度,气块温度将低于环境温度。由于速度不为零,气块仍能继续上升,直到垂直速度等于零时,气块停止上升,也就是达到了理论上的云顶高度。由于在 *T*-ln*p* 图上,到了此高度后,正、负不稳定能量面积相等,因此被称为等面积高度。实际上,云顶高度往往低于垂直速度等于零的高度(EAL),但高于平衡高度(EL)。

【求法】通过平衡高度的状态曲线继续向上延伸,当负面积与正面积相等时,此高度即为等面积高度(图 9.2)。

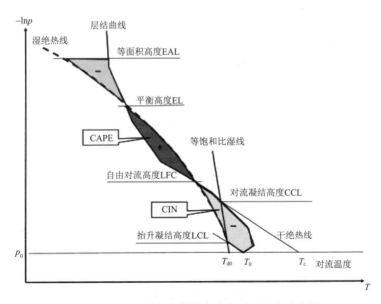

图 9.2 *T*-ln*p* 图各个特征高度和对流温度示意图

9.2　$T\text{-}\ln p$ 图在强对流天气分析和预报中的应用

9.2.1　有利于产生大冰雹的环境条件

预报强冰雹(2 cm 以上)的潜势主要从下面三方面考虑:

(1)较大的 CAPE 值(我国),或者 $-10\ ℃$ 到 $-30\ ℃$ 之间的 CAPE 较大(美国,因为 $-10\ ℃$ 到 $-30\ ℃$ 是冰雹最有效增长区)。这是因为大冰雹的形成和增长过程与上升气流的速度大小有关。只有持续时间较长的较强上升气流,冰雹才可能长大。

(2)较强的深层垂直风切变:0~6 km≥20 m/s(强切变)。有利于将水平涡度转换为垂直涡度,使上升气流维持较长的时间。

(3)0 ℃层(融化层)到地面的相对高度(注意不是绝对高度)不宜太高:<4.5 km。如果此高度太高,那么冰雹降到融化层以下会融化,到地面可能融化掉大部分或者全部融化,从而不能形成大冰雹。

上述 3 个关键条件都可以从 $T\text{-}\ln p$ 图中判断,根据 08:00 探空,可以估计午后强冰雹的潜势,如果边界层的日变化和平流过程明显,需对 08:00 探空加以订正。

9.2.2　雷暴大风

弱的垂直风切变或者较强垂直风切变都有可能产生雷暴大风。在预报时,除了 9.2 节中雷暴产生条件的三要素外,还要关注有利于强烈下沉气流的条件。

9.2.2.1　弱垂直风切变下的雷暴大风

弱垂直风切变下的雷暴大风主要是脉冲风暴产生的微下击暴流,在地面产生 17 m/s 以上瞬时风的强烈下沉运动,水平辐散尺度小于 4 km,持续时间为 2~10 min,包括干微下击暴流和湿微下击暴流。

(1)有利于产生干微下击暴流的环境条件

干微下击暴流指强风阶段不伴随(或很少)降水的微下击暴流,多见于干旱、半干旱地区,主要由浅薄的、云底较高的积雨云发展而来。有利于干微下击暴流产生的典型层结特征如图 9.3 所示:云底高度在 $T\text{-}\ln p$ 图上表现为 LFC(自由对流高度)高;由于对流通常很弱,不稳定度(CAPE)很小;与干微下击暴流有关的下沉气流是由云内降雨(不及地)拖曳产生,由云底降水的蒸发、融化和升华所产生的负浮力导致地面强风的产生,反映在 $T\text{-}\ln p$ 图上为中层要有一定的湿层和云下深厚的干绝热层,以维持下沉气流到达地面。下沉运动的大小可用 DCAPE 衡量。关于干微下击暴流的预报,由于其天气尺度强迫弱,主要基于早晨探空和对白天加热的预期(图 9.3)。

(2)有利于产生湿微下击暴流的环境条件

湿微下击暴流指伴有大雨的下击暴流(冰雹可以伴随也可以不伴随),多见于湿润地区。其环境通常具有弱天气尺度强迫和强垂直不稳定的特点。往往产生于较湿边界层和较浅薄的云下层环境中。其典型大气层结与干微下击暴流明显不同(图 9.4):前期不存在逆温,LFC 高度较低,高空气层相对干,由于下午加热使得低层常存在干绝热层(约地面至 1.5 km)。湿微下击暴流与强降水联系,水载物对下沉气流的激发和维持起重要作用,即云内和云底下方冰晶或水滴的融化和蒸发冷却驱动并维持负浮力导致地面强风的产生。

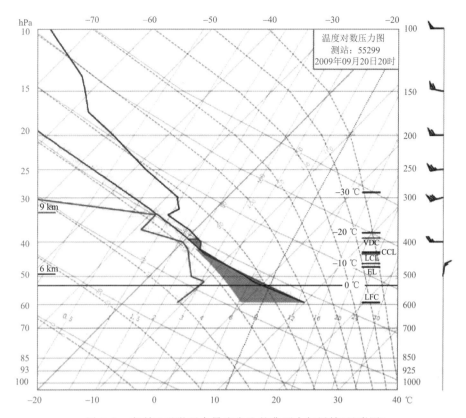

图 9.3　有利于干微下击暴流发生的典型大气层结（见彩图）

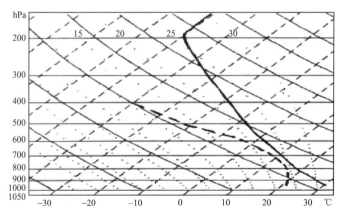

图 9.4　有利于湿微下击暴流发生的典型大气层结

9.2.2.2　中等到强垂直风切变下的雷暴大风

有利于产生雷暴大风的环境条件：在强垂直风切变下，产生雷暴大风的对流风暴种类很多，尺度变化也很大，飑线、多单体风暴、超级单体风暴以及其他对流系统都有可能产生。弓形回波是产生地面非龙卷风害的典型回波结构。研究表明显著的弓形回波往往出现大的层结不稳定（如 CAPE 超过 2000 J/kg）和中等到强的垂直风切变（地面 −2.5 km 或 5 km 至少 15～20 m/s 的切变）。此外，中层往往有明显的干层，有利于增强下沉气流（图 9.5）。

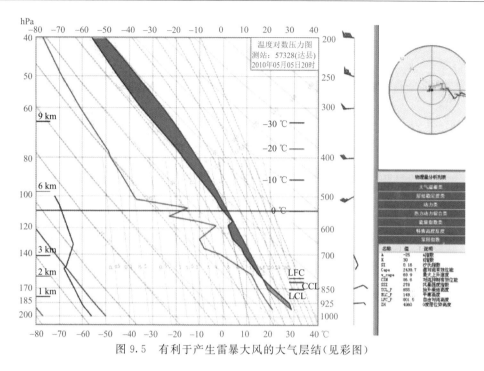

图 9.5　有利于产生雷暴大风的大气层结(见彩图)

9.2.3　龙卷

有利于产生龙卷的环境条件:龙卷可以产生于超级单体,也可以产生于非超级单体。对于超级单体龙卷,除了满足雷暴3要素,其环境条件需要满足以下几个方面:

(1)CAPE 非常大;

(2)切变强,尤其是低层 0~1 km 具有强的垂直风切变;

(3)抬升凝结高度 LCL 低(因为要求边界层几百米内高湿,如果 LCL 高于 1200 m 无法形成龙卷)(图 9.6)。

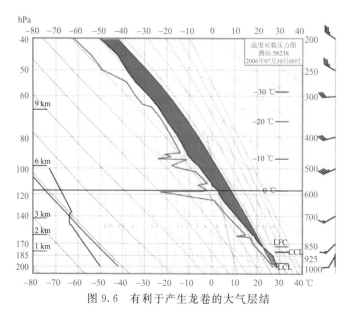

图 9.6　有利于产生龙卷的大气层结

9.2.4　短时强降水

有利于产生短时强降水的环境条件:要产生短时强降水,其环境条件仍然首先需要满足雷暴 3 要素。但与冰雹、雷暴大风的环境条件相比,产生短时强降水的环境(这里主要指以降水为主的强对流天气)对 CAPE 的要求可以相对弱一些,但是对水汽条件的要求更高,一般湿层比较深厚,湿层内的相对湿度和绝对湿度都较高;同时,垂直风切变可以小一些,而且通常风向从低层到中层没有明显的变化,比如一致的西南风或偏西风,表明在较深厚的层次里面存在强的水汽输送,有利于强降水的产生(图 9.7)。

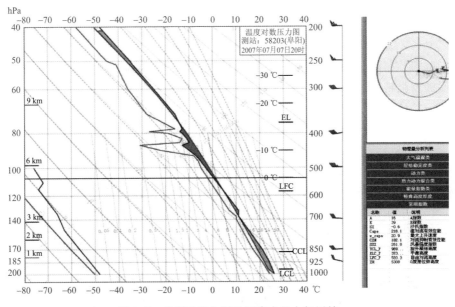

图 9.7　有利于产生短时强降水的大气层结

第 10 章　MICAPS 产品在强对流天气中的应用

MICAPS(气象信息综合分析处理系统)产品在强对流预报中,主要用于分析是否存在对流潜势。判断是否有对流潜势主要分析是否具备雷暴三要素:水汽条件、不稳定条件以及动力抬升条件,涉及强雷暴时,要看是否存在垂直风切变(可参考 T-$\ln p$ 图)。

10.1　水汽条件

当风场中出现明显的低空急流(即 850 hPa 或 700 hPa 出现大于等于 12 m/s 风速带)时有利于水汽输送,有时虽然达不到急流标准,但有明显的水汽输送通道时,也有利于水汽输送。

2021 年 7 月 20 日,河南郑州发生特大暴雨,可以看到在降水发生前,高低空都有显著的水汽输送,水汽条件充足,如图 10.1—图 10.3 所示。

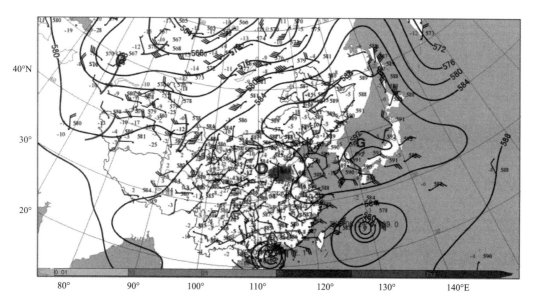

图 10.1　河南郑州"7.20"特大暴雨 500 hPa 环流形势(见彩图)

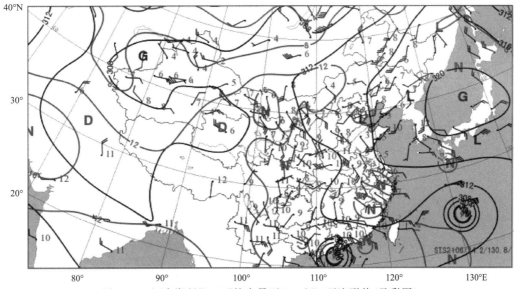

图 10.2　河南郑州"7.20"特大暴雨 700 hPa 环流形势(见彩图)

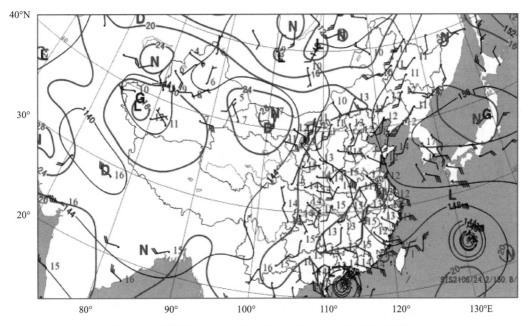

图 10.3　河南郑州"7.20"特大暴雨 850 hPa 环流形势(见彩图)

10.2　不稳定条件

当高低层分布呈现"下湿上干,下暖上冷"分布方式时有利于对流发生发展。

判断湿度条件时,当 850 hPa 相对湿度大于 60%,叠加对应区域的 500 hPa 相对湿度小于 40%,可判断为"下湿上干",判断温度层结分布时当低层暖舌在高层冷舌之下时,判断为"下暖上冷"。

10.3　动力抬升条件

局地加热：局地温度升高较相同高度的其他地区升温明显。

低空辐合：低空存在明显的风向或风力的辐合，如图 10.4 所示。

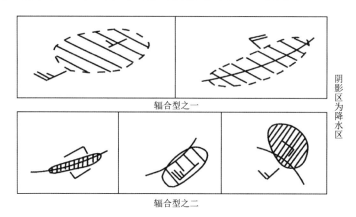

图 10.4　辐合类型及降水区

地形抬升：如系统遇见迎风坡，会由于地形的抬升作用，产生垂直上升运动。

注：从环流形势上分析，不能准确判断强对流天气类型，还需要借助卫星、雷达图共同判断。

2021 年 3 月 30 日 13 时，贵州某地 500 hPa 高空有低槽东移，700 hPa 有辐合线，850 hPa 存在冷、暖空气交汇，地面有准静止锋、地面辐合线；地面干舌（橙色线）自西向东延伸，13 时与地面辐合线触发对流，在高空风引导下逐渐向准静止锋靠近，造成强对流天气（图 10.5、图 10.6）。

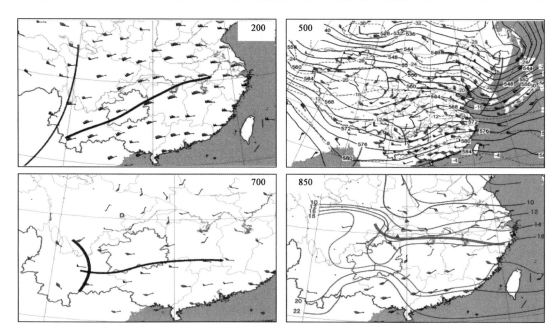

图 10.5　贵州"3.30"冰雹天气高空配置（见彩图）

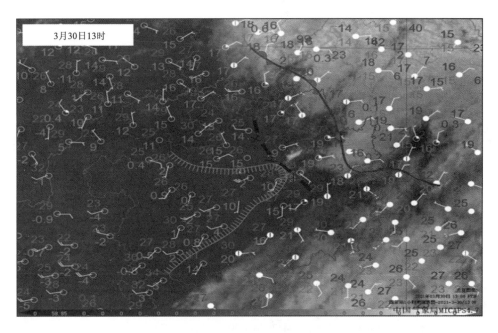

图 10.6　贵州"3.30"冰雹天气低空配置(见彩图)

第 11 章　卫星云图在强对流天气中的应用

　　在卫星云图上云的识别,可以根据以下六个判据:结构形式、范围大小、边界形状、色调、暗影和纹理。由以上识别云的六个判据,能识别三大类云:卷状云、对流性云和层状云,其中包括:卷状云、积雨云、中云(高层、高积云)、积云、浓积云、层积云、层云或雾等。在卫星云图上显示的云是地面观测到云的集合体,如果地面观测到的云小于卫星探测的分辨率,则这种云在卫星云图上难以判别。

　　云团是产生暴雨和强对流天气的一种重要中尺度系统。云团由多个大小不等的积雨云或积状云与层状云混合体组成云簇团,它们的高空卷云砧连成一片,表现为一片白亮的密实云区。云团的形状,依赖于对流单体的强度、大尺度流场背景以及产生云团的扰动强度等因子。它们表现为圆形、准圆形及椭圆形等不同形状,有一些云团的云系还呈现出螺旋状结构,这表示与云团相关联的扰动在流场上已有闭合环流出现。云团的生命史一般≥1 d,但也有的达数日;水平范围为几十至几百千米。依据它们造成的天气,还可以分成暴雨云团和雷暴云团两种。

11.1　雷暴云团主要是冰雹大风天气

　　(1)云团初生时表现为边界十分光滑的具有明显的长轴椭圆型,表明出现在强风垂直切变下,长轴与风垂直切变走向基本一致;在雷暴云团成熟时,云团的上风边界十分整齐光滑,下风边界出现长的卷云砧,拉长的卷云砧从活跃的风暴核的前部流出,强天气通常出现于云团西南方向的上风一侧,可见光云图上出现穿透云顶区(风暴核),红外云图上有一个伴有下风方增暖的冷 V 型。出现大风的边界常呈现出弧形,这时整个云型可以为椭圆型,有时表现为逗点状云型。

　　(2)雷暴云团按其尺度可以再分成以下两种情况,一种是云团尺度较大时(约 2 纬距),不仅有冰雹大风,而且伴有强降水天气,可达暴雨量级;另一种是尺度较小(约 1 纬距),云团天气以冰雹大风为主。

　　(3)雷暴云团呈块状,强度大、色调十分明亮,发展迅速、移速快、生命短、日变化明显。当有几个雷暴云团出现时排列整齐。

　　2009 年 6 月 3 日发生在河南的一次雷暴大风天气,从云图中可看到雷暴云团(图中块状云)产生的明显的弧状云线(图中红色箭头所指的红色断线处),这是雷暴大风的标志(如图11.1 所示)。

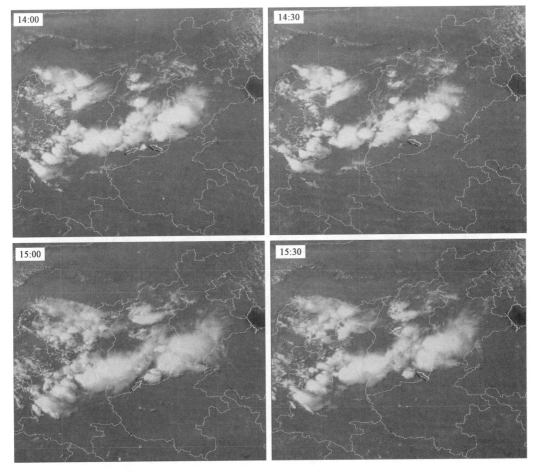

图 11.1　雷暴大风云团逐半小时演变（见彩图）

在卫星云图上可以看到，有许多云团只有暴雨，而无冰雹大风天气。

通常把凡是能产生暴雨的云团称之为暴雨云团，或称非飑线云团。但并非在卫星云图上的所有积雨云都产生暴雨，只有达到一定尺度（约 1 纬距以上）和有一定生命史的云团才可能产生暴雨。有的只要一个云团就能产生暴雨，有的则是几个云团相继通过一个地方产生暴雨，云团的大小相差可以很大。但是暴雨云团与雷暴云团间有明显的差异。

11.2　暴雨云团的特征

（1）暴雨云团一般出现于风垂直切变较小的情况下，其形式可以为圆形、多边形、涡旋状和不规则形状。初生时常呈多个离散状的小亮点，到成熟时表现为形式多样的云团，顶部有向几个方向伸出的卷云羽；

（2）暴雨云团的色调差异较大，有的可以很亮，有的并不十分明亮。有的很密实，有的则十分松散，云团四周常伴有大片中低云区，云团时常可连成一片，而不像雷暴云团孤立，四周很少有中低云相伴。

2021 年 6 月 15 日大兴安岭地区出现暴雨天气，在出现系统性降水的同时，局地伴随短时强降水发生。此次天气过程暴雨云团形状并不规则，且结构松散，与雷暴云团有很大差异（图11.2）。图中箭头所指白亮区域代表此处云顶高度高，对流发展旺盛，有利于短时强降水天气发生。

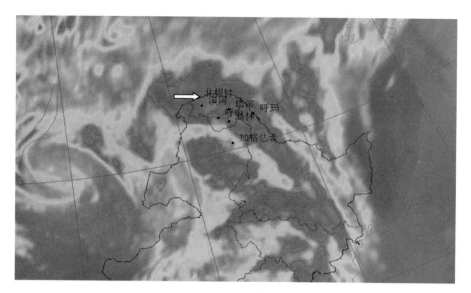

图 11.2　2021 年 6 月 15 日大兴安岭地区暴雨云团红外云图（见彩图）

参考书目

寿绍文,2006.天气学分析[M].北京:气象出版社.

杨卫东,2010.黑龙江省地面气象观测业务技术手册[M].北京:气象出版社.

俞小鼎,2006.多普勒天气雷达原理与业务应用[M].北京:气象出版社.

俞小鼎,王秀明,李万莉,等,2020.雷暴与强对流临近预报[M].北京:气象出版社.

张培昌,杜秉玉,戴铁丕,2001.雷达气象学(第2版)[M].北京:气象出版社.

张晰莹,那济海,张礼宝,2008.新一代天气雷达在临近预报中的分析与应用[M].北京:气象出版社.

中国气象局,2003.地面气象观测规范[M].北京:气象出版社.

中国气象局,2020.气象观测资料质量控制 地面:QX/T 118—2020[S].北京:气象出版社.

中国气象局,2020.气象观测资料质量控制 地面气象辐射:QX/T 117—2020[S].北京:气象出版社.

朱乾根,林锦瑞,寿绍文,等,2007.天气学原理和方法(第四版)[M].北京:气象出版社.

附录 A　新型自动气象(气候)站终端命令格式

A.1　终端命令的分类

　　终端操作命令为主采集器和终端微机之间进行通信的命令,以实现对主采集器各种参数的传递和设置,从主采集器读取各种数据和下载各种文件。按照操作命令性质的不同,分为监控操作命令、数据质量控制参数操作命令、观测数据操作命令和报警操作命令四大类。

A.2　格式一般说明

　　(1)各种终端命令由命令符和相应参数组成,命令符由若干英文字母组成,参数可以没有,或由一个或多个组成,命令符与参数、参数与参数之间用 1 个半角空格分隔;
　　(2)监控操作命令分一级和二级,若为二级命令时,一级与二级命令之间用半角空格分隔;
　　(3)在监控操作命令中,若命令符后不跟参数,则为读取数据采集器中相应参数数据;
　　(4)命令符后加"/?"可获得命令的使用格式;
　　(5)在计算机超级终端中,键入控制命令后,应键入回车/换行键,本格式中用"↙"表示;
　　(6)返回值的结束符均为回车/换行;
　　(7)命令非法时,返回出错提示信息"BAD COMMAND.";
　　(8)本格式中返回值用"<>"给出;
　　(9)若无特殊说明,本部分中使用 YYYY-MM-DD HH:MM 表示日期、时间格式。

A.3　监控操作命令

A.3.1　设置或读取数据采集器的通信参数(SETCOM)

　　命令符:SETCOM
　　参数:波特率 数据位 奇偶校验 停止位。
　　示例:若数据采集器的波特率为 9600 bps,数据位为 8,奇偶校验为无(N),停止位为 1,若对数据采集器进行设置,键入命令为:
　　　　　　　SETCOM 9600 8 N 1↙
　　返回值:<F>表示设置失败,<T>表示设置成功。

若为读取数据采集器通信参数,直接键入命令:

    SETCOM ✓

正确返回值为＜9600 8 N 1＞。

A.3.2　设置或读取数据采集器的 IP 地址(IP)

命令符:IP

参数:IPv4 格式地址。

示例:若数据采集器用于网络通信的 IP 为 192.168.20.8,对数据采集器进行设置,键入命令为:

    IP 192.168.20.8 ✓

返回值:＜F＞表示设置失败,＜T＞表示设置成功。

若为读取数据采集器 IP 参数,直接键入命令:

    IP ✓

正确返回值为＜192.168.20.8＞。

A.3.3　读取数据采集器的基本信息(BASEINFO)

命令符:BASEINFO

参数:生产厂家 型号标识 采集器序列号 软件版本号。

返回值格式如下:

    ＜BASEINFO 4＞↓ 表示 BASEINFO 命令有 4 条返回信息;

    ＜mC xxxxxxxx＞↓表示生产厂家编码;

    ＜MODEL xxxxxxxx＞↓表示采集器型号;

    ＜ID xxxxxxxx＞↓表示采集器序列号;

    ＜Ver xxxxxxx＞✓表示软件版本号。

注:↓表示回车(CR),即 chr(13),下同。

A.3.4　数据采集器自检(AUTOCHECK)

命令符:AUTOCHECK

返回的内容包括数据采集器日期、时间,GPS 授时是否正常,通信端口的通信参数,采集器机箱温度、电源电压,各分采集器挂接状态,各传感器开启或关闭状态。

返回值格式如下:

＜AUTOCHECK 24＞↓表示 AUTOCHECK 命令有 24 条返回信息;

＜DATE 2012-08-01＞↓表示采集器日期;

＜TINE 10:28:58＞↓表示采集器时间;

＜GPS OK＞↓或＜GPS FAIL＞↓表示 GPS 授时器状态;

＜COM 9600 8 N 1＞↓表示通信端口的通信参数;

＜MACT 7.2＞↓表示采集器机箱温度;

＜DC＃＃.＃＞↓或＜AC＃＃.＃＞↓表示直流或交流电源;

＜TARH 1＞↓或＜TARH 0＞↓表示温湿分采挂接状态;

<CLIM 1>↙或<CLIM 0>↙表示气候分采挂接状态；

<RADI 1>↙或<RADI 0>↙表示辐射分采挂接状态；

<EATH 1>↙或<EATH 0>↙表示地温分采挂接状态；

<SOIL 1>或<SOIL 0>↙表示土壤水分分采挂接状态；

<WD 1>↙或<WD 0>↙表示风向传感器开启或关闭状态；

<WS 1>↙或<WS 0>↙表示风速传感器开启或关闭状态；

<T0 1>↙或<T0 0>↙表示温度传感器开启或关闭状态；

<U 1>↙或<U 0>↙表示湿度传感器开启或关闭状态；

<RAT 1>↙或<RAT 0>↙表示翻斗雨量传感器开启或关闭状态；

<P 1>↙或<P 0>↙表示气压传感器开启或关闭状态；

<VI 1>↙或<VI 0>↙表示能见度传感器开启或关闭状态；

<LE 1>↙或<LE 0>↙表示蒸发传感器开启或关闭状态；

<GR 1>↙或<GR 0>↙表示总辐射传感器开启或关闭状态；

<RAW 1>↙或<RAW 0>↙表示称重雨量传感器开启或关闭状态。

A.3.5 设置或读取数据采集器日期(DATE)

命令符：DATE

参数：YYYY-MM-DD(YYYY 为年，MM 为月，DD 为日)。

示例：若对数据采集器设置的日期为 2006 年 7 月 21 日，键入命令为：

DATE 2006-07-21 ↙

返回值：<F>表示设置失败，<T>表示设置成功。

若数据采集器的日期为 2007 年 10 月 1 日，读取数据采集器日期，直接键入命令：

DATE ↙

正确返回值为<2007-10-01>。

A.3.6 设置或读取数据采集器时间(TIME)

命令符：TIME

参数：HH:MM:SS(HH 为时，MM 为分，SS 为秒)。

示例：若对数据采集器设置的时间为 12 时 34 分 00 秒，键入命令为：

TIME 12:34:00 ↙

返回值：<F>表示设置失败，<T>表示设置成功。

若数据采集器的时间为 7 时 04 分 36 秒，读取数据采集器时间，直接键入命令：

TIME ↙

正确返回值为<07:04:36>。

A.3.7 设置或读取气象观测站的区站号(ID)

命令符：ID

参数：台站区站号(5 位数字或字母)。

示例：若所属气象观测站的区站号为 57494，则键入命令为：

　　　　　　　　ID 57494 ↙

返回值:<F>表示设置失败,<T>表示设置成功。

若数据采集器中的区站号为 A5890,直接键入命令:

　　　　　　　　ID ↙

正确返回值为<A5890>。

A.3.8　设置或读取气象观测站的纬度(LAT)

命令符:LAT

参数:DD.MM.SS(DD 为度,MM 为分,SS 为秒)。

示例:若所属气象观测站的纬度为 32°14′20″,则键入命令为:

　　　　　　　　LAT 32.14.20 ↙

返回值:<F>表示设置失败,<T>表示设置成功。

若数据采集器中的纬度为 42°06′00″,直接键入命令:

　　　　　　　　LAT ↙

正确返回值为<42.06.00>。

A.3.9　设置或读取气象观测站的经度(LONG)

命令符:LONG

参数:DDD.MM.SS(DDD 为度,MM 为分,SS 为秒)。

示例:若所属气象观测站的经度为 116°34′18″,则键入命令为:

　　　　　　　　LONG 116.34.18 ↙

返回值:<F>表示设置失败,<T>表示设置成功。

若数据采集器中的经度为 108°32′03″,直接键入命令:

　　　　　　　　LONG ↙

　　　正确返回值为<108.32.03>。

A.3.10　设置或读取地方时差(TD)

命令符:TD

参数:分钟数。取整数,当经度≥120°为正,<120°为负。

示例:若所属气象观测站的经度为 116°30′00″,则地方时差为−14 min,键入命令为:

　　　　　　　　TD-14 ↙

返回值:<F>表示设置失败,<T>表示设置成功。

若数据采集器中的地方时差为−35,直接键入命令:

　　　　　　　　TD ↙

正确返回值为<−35>。

A.3.11　设置或读取观测场海拔高度(ALT)

命令符:ALT

参数:观测场海拔高度。单位为米(m),取 1 位小数,当低于海平面时,前面加"−"号。

示例:若所属自动气象站观测场的海拔高度为 113.6 m,则键入命令为:

　　　　ALT 113.6 ↙

返回值:<F>表示设置失败,<T>表示设置成功。

若数据采集器中的观测场海拔高度为−11.4,直接键入命令:

　　　　ALT ↙

正确返回值为<−11.4>。

A. 3. 12　设置或读取气压传感器海拔高度(ALTP)

命令符:ALTP

参数:气压传感器海拔高度。单位为米(m),取 1 位小数,当低于海平面时,前面加"−"号。

示例:若所属自动气象站的气压传感器海拔高度为 106.3 m,则键入命令为:

　　　　ALTP 106.3 ↙

返回值:<F>表示设置失败,<T>表示设置成功。

若数据采集器中的气压传感器海拔高度为−10.2,直接键入命令:

　　　　ALTP ↙

正确返回值为<−10.2>。

A. 3. 13　设置或读取传感器测量修正值(SCV)

命令符:SCV XX

其中,XX 为传感器标识符,对应关系见表 A.4。

参数:传感器测量修正值,格式为"上限值,修正值/上限值,修正值/..."。上限值和修正值的小数位以对应要素在《地面气象观测规范》规定为准。

示例:若百叶箱气温传感器检定的修正值如下表 A.1。

表 A. 1　检定修正值

温度范围(℃)	修正值(℃)
≤−25.0	−0.1
−24.9~−20.0	0.0
−19.9~15.0	0.1
15.1~25.0	0.0
25.1~40.0	0.1
≥40.1	0.0

则键入命令为:

　SCV T0 −25.0,−0.1/−20.0,0.0/15.0,0.1/25.0,0.0/40.0,0.1/99.9,0.0/↙

返回值:<F>表示设置失败,<T>表示设置成功。

注:在最后一个上限值输入 99.9,以表示 40.1 以上的值均按 0.0 修正。

A. 3. 14　设置或读取辐射传感器灵敏度(SENSI)

命令符:SENSI XX

其中,XX 为辐射传感器标识符,对应关系见表 A.2。

参数:辐射传感器的灵敏度值。单位为微伏每瓦每平方米($\mu V \cdot W^{-1} \cdot m^{-2}$),取 2 位小数。若为净辐射,则返回两组值,第 1 组为传感器白天灵敏度值,第 2 组为传感器夜间灵敏度值,两组数据之间用半角"/"分隔。

示例:若总辐射灵敏度值 10.32,则键入命令为:

SENSI GR 10.32 ✓

返回值:<F>表示设置失败,<T>表示设置成功。

若数据采集器中的净辐射灵敏度值白天为 9.34,夜间为 −10.20,直接键入命令:

SENSI NR ✓

正确返回值为<9.34/−10.20>。

表 A.2　各传感器标识符

序号	传感器名称	传感器标识符(XXX)	序号	传感器名称	传感器标识符(XXX)
1	气压	P	38	冻土深度	FSD
2	百叶箱气温	T0	39	闪电频次	LNF
3	通风防辐射罩气温 1	T1	40	总辐射	GR
4	通风防辐射罩气温 2	T2	41	净全辐射	NR
5	通风防辐射罩气温 3	T3	42	直接辐射	DR
6	湿球温度	TW	43	散射辐射	SR
7	湿敏电容传感器或露点仪	U	44	反射辐射	RR
8	露点仪	TD	45	紫外辐射(UVA+UVB)	UR
9	通风防辐射罩 1	SV1	46	紫外辐射(UVA)	UVA
10	通风防辐射罩 2	SV2	47	紫外辐射(UVB)	UVB
11	通风防辐射罩 3	SV3	48	大气长波辐射	AR
12	风向	WD	49	大气长波辐射传感器腔件温度	ART
13	风速	WS	50	地面长波辐射	TR
14	风速(1.5 m,气候辅助观测)	WS1	51	地面长波辐射传感器腔件温度	TRT
15	降水量(翻斗式或容栅式)	RAT	52	光合有效辐射	PR
16	降水量(翻斗式或容栅式气候辅助观测)	RAT1	53	日照	SSD
17	降水量(称重式)	RAW	54	5 cm 土壤湿度	SM1
18	草面温度	TG	55	10 cm 土壤湿度	SM2
19	地表温度(红外,气候辅助观测)	IR	56	20 cm 土壤湿度	SM3
20	地表温度	ST0	57	30 cm 土壤湿度	SM4
21	5 cm 地温	ST1	58	40 cm 土壤湿度	SM5
22	10 cm 地温	ST2	59	50 cm 土壤湿度	SM6
23	15 cm 地温	ST3	60	100 cm 土壤湿度	SM7
24	20 cm 地温	ST4	61	180 cm 土壤湿度	SM8
25	40 cm 地温	ST5	62	地下水位	WT
26	80 cm 地温	ST6	63	浮标方位	BA
27	160 cm 地温	ST7	64	表层海水温度	OT
28	320 cm 地温	ST8	65	表层海水盐度	OS
29	蒸发量	LE	66	表层海水电导率	OC
30	能见度	VI	67	波高	OH
31	云高	CH	68	波周期	OP
32	总云量	TCA	69	波向	OD
33	低云量	LCA	70	表层海洋面流速	OV
34	天气现象	WW	71	潮高	TL
35	积雪	SD	72	海水浊度	OTU
36	冻雨	FR	73	海水叶绿素浓度	OCC
37	电线积冰	WI			

A.3.15 设置或读取土壤湿度常数(SMC)

命令符:SMC XXX

其中,XXX 为土壤层次标识符,对应关系见表 A.3。

表 A.3 土壤层次标识符

序号	土壤层次	标识符(XXX)
1	5 cm 土壤	SM1
2	10 cm 土壤	SM2
3	20 cm 土壤	SM3
4	30 cm 土壤	SM4
5	40 cm 土壤	SM5
6	50 cm 土壤	SM6
7	100 cm 土壤	SM7
8	180 cm 土壤	SM8

参数:田间持水量土壤容重 凋萎湿度。田间持水量单位为百分率(%),取整数;土壤容重单位为克每立方厘米(g/cm^3),取整数;凋萎湿度常数单位为百分率(%),取整数。

示例:若所属气象观测站 5 cm 土壤田间持水量为 28%,土壤容重为 34 g/cm^3,凋萎湿度为 12%,则键入命令为:

$\qquad$ SMC SM1 28 34 12 ↙

返回值:<F>表示设置失败,<T>表示设置成功。

若所属气象观测站 50 cm 土壤湿度传感器田间持水量为 30%,土壤容重为 30 g/cm^3,凋萎湿度为 8%,直接键入命令:

$\qquad$ SMC SM6 ↙

正确返回值为<30 30 8>。

A.3.16 读取主采集箱门状态(DOOR)

命令符:DOOR

参数:主采集箱门的状态,用"0""1"表示,"0"表示打开或未关好,"1"表示关上。

示例:若主采集器门已关上,直接键入命令:

$\qquad$ DOOR ↙

正确返回值为<1>。

A.3.17 读取数据采集器机箱温度(MACT)

命令符:MACT

参数:机箱温度。单位为摄氏度(℃),取 1 位小数。

示例:若数据采集器机箱温度为 7.2 ℃,直接键入命令:

$\qquad$ MACT ↙

正确返回值为<7.2>。

A.3.18　读取数据采集器电源电压(PSS)

命令符:PSS

参数:无。返回采集器当前的供电主体和电源电压值。返回格式见表 A.4。

表 A.4　数据采集器电源电压命令返回格式

返回值	描　　述
AC,♯♯.♯	"AC"表示交流供电;♯♯.♯表示 AC/DC 变换后供给数据采集器的电源电压值,单位为伏(V),取 1 位小数;"AC"与电压值之间用半角逗号分隔
DC,♯♯.♯	字符串"DC"表示蓄电池供电;♯♯.♯表示蓄电池供给数据采集器的电压值,单位为伏(V),取 1 位小数;"DC"与电压值之间用半角逗号分隔

示例:若数据采集器为蓄电池供电,其电压值为 12.8 V,键入命令:

　　　　　PSS↙

正确返回值为<DC,12.8>。

A.3.19　设置或读取各传感器状态(SENST)

命令符:SENST XXX

其中,XXX 为传感器标识符,由 1～3 位字符组成,对应关系见表 A.2。

参数:单个传感器的开启状态。用"0"或"1"表示,"1"表示传感器开启,"0"表示传感器关闭;当为通风防辐射罩时,"0"表示通风状态工作不正常,"1"表示正常。

示例:若没有或停用蒸发传感器,则键入命令为:

　　　　　SENST LE 0↙

返回值:<F>表示设置失败,<T>表示设置成功。

若能见度传感器已启用,直接键入命令:

　　　　　SENST VI↙

正确返回值为<1>。

本命令的一级命令符,可对全部传感器进行操作,其参数应为 73 位的 0 或 1,分别与各传感器状态相对应,排列顺序由表 A.2 给出。

A.3.20　读取数据采集器实时状态信息(RSTA)

命令符:RSTA

返回参数:主采集箱门状态 采集器的机箱温度 电源电压 各传感器状态。

主采集箱门状态、采集器的机箱温度、电源电压、各传感器状态返回格式分别与 A.3.16、A.3.17、A.3.18、A.3.19 的返回格式相同。

A.3.21　设置或读取风速传感器的配置参数(SENCO)

命令符:SENCO XXX

其中,XXX 为风速传感器的标识符,对应关系见表 A.2。

参数:三次多项式系数 a0、a1、a2、a3。系数之间用半角空格分隔。

示例:若 10 m 风速与频率的关系为 $V=0.1f$,则多项式系数为 0、0.1、0、0,键入命令为:

        SENCO WS 0 0.1 0 0 ✓

返回值:<F>表示设置失败,<T>表示设置成功。

若 1.5 m 风速与频率的关系为 $V=0.2315+0.0495f$,则多项式系数为 0.2315、0.0495、0、0,键入命令为:

        SENCO WS1 0.2315 0.0495 0 0 ✓

返回值:<F>表示设置失败,<T>表示设置成功。

数据采集器中的 1.5 m 风速多项式系数为 0.2315、0.0495、0、0,直接键入命令:

        SENCO WS1 ✓

正确返回值为<0.2315 0.0495 0 0>。

A.3.22 设置或读翻斗雨量传感器的配置参数(SENCO)

命令符:SENCO XXX

其中,XXX 为传感器的标识符,对应关系见表 A.2。

参数:三次多项式系数 a0、a1、a2、a3。系数之间用半角空格分隔。

示例:若气候观测分采集器所挂接的翻斗雨量计雨量与脉冲计数的关系 $R=0.5f$,则多项式系数为 0、0.5、0、0,键入命令为:

        SENCO RAT1 0 0.5 0 0 ✓

示例:若气候观测分采集器所挂接的翻斗雨量计雨量与脉冲计数的关系 $R=0.2f$,则多项式系数为 0、0.2、0、0,键入命令为:

        SENCO RAT1 0 0.2 0 0 ✓

返回值:<F>表示设置失败,<T>表示设置成功。

若气候观测分采集器挂接 0.5 mm/翻斗的大翻斗,数据采集器中的多项式系数为 0、0.5、0、0,直接键入命令:

        SENCO RAT1 ✓

正确返回值为<0 0.5 0 0>。

A.3.23 维护操作命令(DEVMODE)

命令符:DEVMODE XXX

其中,XXX 为称重降水、蒸发传感器的标识符,对应关系见表 A.2。

参数:工作模式 恢复时间。参数之间用半角空格分隔。工作模式:"0"表示正常工作,"2"表示维护状态。恢复时间表示从维护状态自动回到正常工作模式的时间,单位为 min,只用于工作模式"2"。

参数不保存,采集器重新上电后自动进入工作模式。

示例:若需对称重降水传感器维护 30 min,则键入命令为:

        DEVMODE RAW 2 30 ✓

返回值:<F>表示设置失败,<T>表示设置成功。

若称重降水传感器维护完成,则键入如下命令立即恢复正常工作模式:

DEVMODE RAW 0 ✓

返回值:＜F＞表示设置失败,＜T＞表示设置成功。

数据采集器中已设置蒸发传感器在维护状态,维护时间为 25 min,且维护过程已进行了 10 min,直接键入命令:

DEVMODE LE ✓

正确返回值为＜2 15＞,表示维护时间还余 15 min。

A.3.24 系统中分采集器配置(DAUSET)

命令符:DAUSET XXX

其中,XXX 为传感器标识符,由 4 位字符组成,对应关系见表 A.5。

表 A.5 各传感器标识符

序号	分采集器类别	标识符
1	温湿分采集器	TARH
2	气候观测分采集器	CLIM
3	辐射观测分采集器	RADI
4	地温观测分采集器	EATH
5	土壤水分观测分采集器	SOIL
6	海洋观测分采集器	SEAA

参数:分采集器的配置。用"0"或"1"表示,"1"表示配置有相应分采集器,"0"表示没有配置相应分采集器。

示例:若系统配置有气候观测分采集器,则键入命令为:

DAUSET CLIM 1 ✓

返回值:＜F＞表示设置失败,＜T＞表示设置成功。

若系统没有配置气候观测分采集器,直接键入命令:

DAUSET CLIM ✓

正确返回值为＜0＞。

A.3.25 GPS 模块配置(GPSSET)

命令符:GPSSET

参数:系统没有配置 GPS 模块,参数为"0",如配置有 GPS 模块,参数为"1"。

示例:当前系统配置有 GPS 模块,则键入命令为:

GPSSET 1 ✓

返回值:＜F＞表示设置失败,＜T＞表示设置成功。

若系统没有配置 GPS 模块,直接键入命令:

GPSSET ✓

正确返回值为＜0＞。

A.3.26　CF 卡模块配置(CFSET)

命令符：CFSET

参数：系统没有配置 CF 卡,参数为"0",如配置有 CF 卡,参数为"1"。

示例：当前系统配置有 CF 模块,则键入命令为：

CFSET 1 ↙

返回值：<F>表示设置失败,<T>表示设置成功。

若系统没有配置 CF 卡,直接键入命令：

CFSET ↙

正确返回值为<0>。

A.3.27　读取主采集器工作状态(STATMAIN)

命令符：STATMAIN

示例：读取主采集器当前工作状态,则键入命令为：

STATMAIN ↙

返回值：STATMAIN　0 126 1 225 0 0 0 1025 0 1 0 0 0 576 256 ↙

返回值的数据格式见表 A.6。

表 A.6　主采集器工作状态顺序及内容

序号	状态内容	表示方式
1	标识	STATMAIN
2	主采集器运行状态	"0"表示正常工作;"2"表示有故障,不能工作;"9"表示没有检查,不能判断当前工作状态;"N"表示没有该采集器
3	主采集器电源电压	单位为伏(V),取 1 位小数,原值扩大 10 倍存储
4	主采集器供电类型	"0"表示交流供电,"1"表示直流供电
5	主采集器主板温度	单位为摄氏度(℃),取 1 位小数,原值扩大 10 倍存储
6	主采集器 AD 模块工作状态	"0"表示正常工作;"2"表示有故障,不能工作;"9"表示没有检查,不能判断当前工作状态;"N"表示无 AD 模块
7	主采集器计数器模块状态	"0"表示正常工作;"2"表示有故障,不能工作;"9"表示没有检查,不能判断当前工作状态;"N"表示无 I/O 通道
8	主采集器 CF 卡状态	"0"表示正常工作;"1"表示没有检测到 CF 卡(没有插入);"2"表示有故障,不能工作;"9"表示没有检查,不能判断当前工作状态;"N"表示无 CF 卡
9	主采集器 CF 卡容量	单位为 MB,取整数;当没有或未插入 CF 卡时,填入一个"—"。
10	主采集器 GPS 状态	"0"表示正常工作;"2"表示有故障,不能工作;"9"表示没有检查,不能判断当前工作状态;"N"表示无 GPS 模块
11	主采集器门开关状态	"0"表示打开或未关好;"1"表示关上
12	主采集器 LAN 状态	"0"表示正常工作;"2"表示有故障,不能工作;"9"表示没有检查,不能判断当前工作状态

序号	状态内容	表示方式
13	主采集器 RS232/RS485 终端通信状态	"0"表示正常工作;"2"表示有故障,不能工作;"9"表示没有检查,不能判断当前工作状态
14	CAN 总线状态	"0"表示正常工作;"2"表示有故障,不能工作;"9"表示没有检查,不能判断当前工作状态
15	蒸发水位	单位为 mm,取 1 位小数,原值扩大 10 倍存储,当未启用蒸发传感器时,填入一个"—"
16	称重降水传感器承水桶水量	单位为 mm,取 1 位小数,原值扩大 10 倍存储,当未启用称重降水传感器时,填入一个"—"
17	保留 1	填入一个"—"
18	保留 2	填入一个"—"
19	保留 3	填入一个"—"
20	保留 4	填入一个"—"
21	保留 5	填入一个"—"

A.3.28   读取温湿观测分采集器工作状态(STATTARH)

命令符:STATTARH

示例:读取气候观测分采集器当前工作状态,则键入命令为:

      STATTARH ↙

返回值:STATTARH 0 126 1 225 0 ↙

返回值的数据格式见表 A.7。

表 A.7   温湿度观测分采集器工作状态顺序及内容

序号	状态内容	表示方式
1	标识	STATTARH
2	温湿分采集器运行状态	"0"表示正常工作;"2"表示有故障,不能工作;"9"表示没有检查,不能判断当前工作状态;"N"表示没有该采集器
3	温湿分采集器供电电压	单位为伏(V),取 1 位小数,原值扩大 10 倍存储
4	温湿分采集器供电类型	"0"表示交流供电,"1"表示直流供电
5	温湿分采集器主板温度	单位为摄氏度(℃),取 1 位小数,原值扩大 10 倍存储
6	温湿分采集器 AD 模块工作状态	"0"表示正常工作;"2"表示有故障,不能工作;"9"表示没有检查,不能判断当前工作状态;"N"表示无 AD 模块

注:当智能传感器运行状态为"N"时,其余项的相应位置均填入一个"—"。

A.3.29   读取气候观测分采集器工作状态(STATCLIM)

命令符:STATCLIM

示例:读取气候观测分采集器当前工作状态,则键入命令为:

STATCLIM↙

返回值:STATCLIM 0 126 1 225 0 0↙

返回值的数据格式见表 A.8。

表 A.8　气候观测分采集器工作状态顺序及内容

序号	状态内容	表示方式
1	标识	STATCLIM
2	气候观测分采集器运行状态	"0"表示正常工作;"2"表示有故障,不能工作;"9"表示没有检查,不能判断当前工作状态;"N"表示没有该采集器
3	气候观测分采集器供电电压	单位为伏(V),取 1 位小数,原值扩大 10 倍存储
4	气候观测分采集器供电类型	"0"表示交流供电,"1"表示直流供电
5	气候观测分采集器主板温度	单位为摄氏度(℃),取 1 位小数,原值扩大 10 倍存储
6	气候观测分采集器 AD 模块工作状态	"0"表示正常工作;"2"表示有故障,不能工作;"9"表示没有检查,不能判断当前工作状态;"N"表示无 AD 模块
7	气候观测分采集器计数器模块状态	"0"表示正常工作;"2"表示有故障,不能工作;"9"表示没有检查,不能判断当前工作状态;"N"表示无 I/O 通道
8	保留 1	填入一个"—"
9	保留 2	填入一个"—"
10	保留 3	填入一个"—"
11	保留 4	填入一个"—"
12	保留 5	填入一个"—"

注:当智能传感器运行状态为"N"时,其余项的相应位置均填入一个"—"。

A.3.30　读取辐射观测分采集器工作状态(STATRADI)

命令符:STATRADI

示例:读取辐射观测分采集器当前工作状态,则键入命令为:

STATRADI↙

返回值:STATRADI 0 126 1 225 0 0↙

返回值的数据格式见表 A.9。

表 A.9　辐射观测分采集器工作状态顺序及内容

序号	状态内容	表示方式
1	标识	STATRADI
2	辐射观测分采集器运行状态	"0"表示正常工作;"2"表示有故障,不能工作;"9"表示没有检查,不能判断当前工作状态;"N"表示没有该采集器
3	辐射观测分采集器供电电压	单位为伏(V),取 1 位小数,原值扩大 10 倍存储
4	辐射观测分采集器供电类型	"0"表示交流供电,"1"表示直流供电
5	辐射观测分采集器主板温度	单位为摄氏度(℃),取 1 位小数,原值扩大 10 倍存储
6	辐射观测分采集器 AD 模块工作状态	"0"表示正常工作;"2"表示有故障,不能工作;"9"表示没有检查,不能判断当前工作状态;"N"表示无 AD 模块

续表

序号	状态内容	表示方式
7	辐射观测分采集器计数器模块状态	"0"表示正常工作;"2"表示有故障,不能工作;"9"表示没有检查,不能判断当前工作状态;"N"表示无 I/O 通道
8	保留 1	填入一个"—"
9	保留 2	填入一个"—"
10	保留 3	填入一个"—"
11	保留 4	填入一个"—"
12	保留 5	填入一个"—"

注:当智能传感器运行状态为"N"时,其余项的相应位置均填入一个"—"。

A.3.31　读取地温观测分采集器工作状态(STATEATH)

命令符:STATEATH

示例:读取地温观测分采集器当前工作状态,则键入命令为:

STATEATH↙

返回值:STATEATH 0 126 1 225 0 0↙

返回值的数据格式见表 A.10。

表 A.10　地温观测分采集器工作状态顺序及内容

序号	状态内容	表示方式
1	标识	STATEATH
2	地温观测分采集器运行状态	"0"表示正常工作;"2"表示有故障,不能工作;"9"表示没有检查,不能判断当前工作状态;"N"表示没有该采集器
3	地温观测分采集器供电电压	单位为伏(V),取 1 位小数,原值扩大 10 倍存储
4	地温观测分采集器供电类型	"0"表示交流供电,"1"表示直流供电
5	地温观测分采集器主板温度	单位为摄氏度(℃),取 1 位小数,原值扩大 10 倍存储
6	地温观测分采集器 AD 模块工作状态	"0"表示正常工作;"2"表示有故障,不能工作;"9"表示没有检查,不能判断当前工作状态;"N"表示无 AD 模块
7	地温观测分采集器计数器模块状态	"0"表示正常工作;"2"表示有故障,不能工作;"9"表示没有检查,不能判断当前工作状态;"N"表示无 I/O 通道
8	保留 1	填入一个"—"
9	保留 2	填入一个"—"
10	保留 3	填入一个"—"
11	保留 4	填入一个"—"
12	保留 5	填入一个"—"

注:当智能传感器运行状态为"N"时,其余项的相应位置均填入一个"—"。

A.3.32　读取土壤水分观测分采集器工作状态(STATSOIL)

命令符:STATSOIL

示例：读取土壤水分观测分采集器当前工作状态，则键入命令为：

STATSOIL ↙

返回值：STATSOIL 0 12.6 1 22.5 0 0 ↙

返回值的数据格式见表 A.11。

表 A.11　土壤水分观测分采集器工作状态顺序及内容

序号	状态内容	表示方式
1	标识	STATSOIL
2	土壤水分观测分采集器运行状态	"0"表示正常工作；"2"表示有故障，不能工作；"9"表示没有检查，不能判断当前工作状态；"N"表示没有该采集器
3	土壤水分观测分采集器供电电压	单位为伏(V)，取 1 位小数，原值扩大 10 倍存储
4	土壤水分观测分采集器供电类型	"0"表示交流供电，"1"表示直流供电
5	土壤水分观测分采集器主板温度	单位为摄氏度(℃)，取 1 位小数，原值扩大 10 倍存储
6	土壤水分观测分采集器 AD 模块工作状态	"0"表示正常工作；"2"表示有故障，不能工作；"9"表示没有检查，不能判断当前工作状态；"N"表示无 AD 模块
7	土壤水分观测分采集器计数器模块状态	"0"表示正常工作；"2"表示有故障，不能工作；"9"表示没有检查，不能判断当前工作状态；"N"表示无 I/O 通道
8	保留	填入一个"—"
9	保留	填入一个"—"
10	保留	填入一个"—"
11	保留	填入一个"—"
12	保留	填入一个"—"

注：当智能传感器运行状态为"N"时，其余项的相应位置均填入一个"—"。

A.3.33　读取海洋观测分采集器工作状态(STATSEAA)

命令符：STATSEAA

示例：读取海洋观测分采集器当前工作状态，则键入命令为：

STATSEAA ↙

返回值：STATSEAA 0 126 1 225 0 0 ↙

返回值的数据格式见表 A.12。

表 A.12　海洋观测分采集器工作状态顺序及内容

序号	状态内容	表示方式
1	标识	STATSEAA
2	海洋观测分采集器运行状态	"0"表示正常工作；"2"表示有故障，不能工作；"9"表示没有检查，不能判断当前工作状态；"N"表示没有该采集器
3	海洋观测分采集器供电电压	单位为伏(V)，取 1 位小数，原值扩大 10 倍存储
4	海洋观测分采集器供电类型	"0"表示交流供电，"1"表示直流供电
5	海洋观测分采集器主板温度	单位为摄氏度(℃)，取 1 位小数，原值扩大 10 倍存储
6	海洋观测分采集器 AD 模块工作状态	"0"表示正常工作；"2"表示有故障，不能工作；"9"表示没有检查，不能判断当前工作状态；"N"表示无 AD 模块

序号	状态内容	表示方式
7	海洋观测分采集器计数器模块状态	"0"表示正常工作;"2"表示有故障,不能工作;"9"表示没有检查,不能判断当前工作状态;"N"表示无 I/O 通道
8	保留 1	填入一个"—"
9	保留 2	填入一个"—"
10	保留 3	填入一个"—"
11	保留 4	填入一个"—"
12	保留 5	填入一个"—"

注:当智能传感器运行状态为"N"时,其余项的相应位置均填入一个"—"。

A. 3. 34　读取智能传感器(保留)工作状态(STATINTL)

命令符:STATINTL

参数:保留的智能传感器序列号,取值为 1、2、3、4、5。

示例:读取第一个智能传感器当前工作状态,则键入命令为:

　　　　STATINTL 1↙

返回值:STATINTL_1 0 12.6 1 22.5 0 0↙

返回值的数据格式见表 A.13。

表 A.13　智能传感器工作状态顺序及内容

序号	状态内容	表示方式
1	标识	STATINTL_X,X 取值为 1、2、3、4、5,分别表示第 1 至 5 智能传感器
2	智能传感器运行状态	"0"表示正常工作;"2"表示有故障,不能工作;"9"表示没有检查,不能判断当前工作状态;"N"表示没有该智能传感器
3	智能传感器供电电压	单位为伏(V),取 1 位小数,原值扩大 10 倍存储
4	智能传感器供电类型	"0"表示交流供电,"1"表示直流供电
5	智能传感器主板温度	单位为摄氏度(℃),取 1 位小数,原值扩大 10 倍存储
6	智能传感器 AD 模块工作状态	"0"表示正常工作;"2"表示有故障,不能工作;"9"表示没有检查,不能判断当前工作状态;"N"表示无 AD 模块
7	智能传感器计数器模块状态	"0"表示正常工作;"2"表示有故障,不能工作;"9"表示没有检查,不能判断当前工作状态;"N"表示无 I/O 通道
8	保留 1	填入一个"—"
9	保留 2	填入一个"—"
10	保留 3	填入一个"—"
11	保留 4	填入一个"—"
12	保留 5	填入一个"—"

注:当智能传感器运行状态为"N"时,其余项的相应位置均填入一个"—"。

A.3.35 读取传感器工作状态(STATSENSOR)

命令符:STATSENSOR XXX

其中,XXX 为传感器标识符,见表 A.2。

示例:读取当前气温传感器工作状态,则键入命令为:

       STATSENSOR T0 ↙

返回值:0 ↙

若不带参数,则返回当前所有传感器工作状态。

传感器工作状态标识见表 A.14。

表 A.14 传感器工作状态标识

标识代码值	描述
0	"正常":正常工作
2	"故障或未检测到":无法工作
3	"偏高":采样值偏高
4	"偏低":采样值偏低
5	"超上限":采样值超测量范围上限
6	"超下限":采样值超测量范围下限
9	"没有检查":无法判断当前工作状态
N	"传感器关闭或者没有配置"

A.3.36 读取自动气象站所有状态信息(STAT)

命令符:STAT

返回自动气象站所有状态信息,信息以定长方式传输,由命令标识、半角空格符、日期(YYYY-MM-DD)、半角空格符、时间(HH:MM)、半角空格符、状态数据组成,状态数据格式及排列顺序见表 A.15。

表 A.15 STAT 命令状态数据

序号	参数	字长(B)	序号	参数	字长(B)
1	主采集器运行状态	1	12	主采集器 RS232/RS485 终端通信状态	1
2	主采集器电源电压	4	13	CAN 总线状态	1
3	主采集器供电类型	1	14	气候观测分采集器运行状态	1
4	主采集器主板温度	4	15	气候观测分采集器供电电压	4
5	主采集器 AD 模块工作状态	1	16	气候观测分采集器供电类型	1
6	主采集器计数器模块状态	1	17	气候观测分采集器主板温度	4
7	主采集器 CF 卡状态	1	18	气候观测分采集器 AD 模块状态	1
8	主采集器 CF 卡剩余空间	4	19	气候观测分采集器计数器模块状态	1
9	主采集器 GPS 模块工作状态	1	20	辐射观测分采集器运行状态	1
10	主采集器门开关状态	1	21	辐射观测分采集器供电电压	4
11	主采集器 LAN 状态	1	22	辐射观测分采集器供电类型	1

序号	参数	字长(B)	序号	参数	字长(B)
23	辐射观测分采集器主板温度	4	39	海洋观测分采集器供电电压	4
24	辐射观测分采集器 AD 模块状态	1	40	海洋观测分采集器供电类型	1
25	辐射观测分采集器数字通道状态	1	41	海洋观测分采集器主板温度	4
26	地温观测分采集器运行状态	1	42	海洋观测分采集器 AD 模块状态	1
27	地温观测分采集器供电电压	4	43	海洋观测分采集器计数器模块状态	1
28	地温观测分采集器供电类型	1	44	温湿分采工作状态(按表 A.11 中 2～7 的内容顺序存储,下同)	12
29	地温观测分采集器主板温度	4	45	保留(智能传感器 1 工作状态)	12
30	地温观测分采集器 AD 模块状态	1	46	保留(智能传感器 2 工作状态)	12
31	地温观测分采集器计数器模块状态	1	47	保留(智能传感器 3 工作状态)	12
32	土壤水分观测分采集器运行状态	1	48	保留(智能传感器 4 工作状态)	12
33	土壤水分观测分采集器供电电压	4	49	保留(智能传感器 5 工作状态)	12
34	土壤水分观测分采集器供电类型	1	50	所有传感器工作状态(按表 3 所列传感器顺序排列)	73
35	土壤水分观测分采集器主板温度	4	51	蒸发水位高度	4
36	土壤水分观测分采集器 AD 模块状态	1	52	称重降水量水位	
37	土壤水分观测分采集器计数器模块状态	1	53	保留	10
38	海洋观测分采集器运行状态	1	54	回车换行	2

注:供电电压、温度、蒸发水位、称重降水承水桶水量,均取 1 位小数,原值扩大 10 倍存储,位数不足时高位补"0",例如:主板温度 12.5 ℃时,存入 0125,主板温度－2.5 ℃时,存入－025;

当分采集器或智能传感器不存在时,相应的供电电压、供电状态、主板温度、A/D 状态、计数器状态位置应填入相应位数的"－"字符;

当 CF 卡不存在时,剩余容量位置应填入相应位数的"－"字符;

蒸发传感器不存在时,水位位置应填入相应位数的"－"字符;

称重降水传感器不存在时,水量位置应填入相应位数的"－"字符。

示例:读取当前自动站工作状态,则键入命令为:

　　　　STAT ↙

返回值:STAT 2010-04-27 16:45 1020310234...... ↙

A.3.37　帮助命令(HELP)

命令符:HELP

返回值:返回终端命令清单,各命令之间用半角逗号分隔。

A.4　数据质量控制参数操作命令

A.4.1　设置或读取各传感器测量范围值(QCPS)

命令符:QCPS XXX

其中,XXX 为传感器标识符,由 1~3 位字符组成,对应关系见表 A.2。

参数:传感器测量范围下限 传感器测量范围上限 采集瞬时值允许最大变化值。各参数值按所测要素的记录单位存储。某参数无时,用"/"表示。

示例:若气温传感器测量范围下限为 −90 ℃,上限为 90 ℃,采集瞬时值允许最大变化值为 2 ℃,则键入命令为:

QCPS T1 −90.0 90.0 2.0 ↙

返回值:<F>表示设置失败,<T>表示设置成功。

若读取采集器中湿敏电容传感器的设置值,湿度传感器测量范围下限为 0,上限为 100,采集瞬时值允许最大变化值为 5,直接键入命令:

QCPS RH ↙

正确返回值为<0 100 5>。

A.4.2　设置或读取各要素质量控制参数(QCPM)

命令符:QCPM XXX

其中,XXX 为要素所对应的传感器标识符,由 1~3 位字符组成,对应关系见表 A.2。瞬时风速用 WS 表示,2 min 风速用 WS2 表示,10 min 风速用 WS3 表示。

参数:要素极值下限 要素极值上限 存疑的变化速率 错误的变化速率 最小应该变化的速率。各参数按所测要素的记录单位存储。某参数无时,用"/"或"−"表示。

示例:若气温极值的下限为 −75 ℃,上限为 80 ℃,存疑的变化速率为 3 ℃,错误的变化速率 5 ℃,最小应该变化的速率 0.1 ℃,则键入命令为:

QCPM T1 −75.0 80.0 3.0 5.0 0.1 ↙

返回值:<F>表示设置失败,<T>表示设置成功。

若读取瞬时风速的质量控制参数,瞬时风速的下限为 0,上限为 150.0,存疑的变化速率为 10.0,错误的变化速率为 20.0,最小应该变化的速率为"−",直接键入命令:

QCPM WS ↙

正确返回值为<0 150.0 10.0 20.0 −>。

A.5　观测数据操作命令

A.5.1　返回数据一般格式

返回数据格式为数据帧,采用 ASCII 码,每个数据帧包括四个部分:

(1)数据帧标识字符串;

（2）站点区站号或代码；

（3）观测数据列表；

（4）结束标识符。

其中：数据帧标识字符串用 1～6 个字母表示，用来标识该数据帧的类型。

结束标识符用回车/换行表示。

在一条指令中，当下载多个时间数据时，按照时间先后顺序返回各时间的完整数据帧，若只有 1 个或几个时间有数据，则按实有时间的数据返回。

若无返回值时，返回"F"表示数据读取失败。

观测数据列表包括观测时间组、各观测数据组索引标识、观测数据组索引指示数据的质量控制标志组和所对应各观测数据组。

数据帧标识字符串、站点区站号或代码、观测时间、各观测数据组索引标识、质量控制标志组、观测数据组以及观测数据组之间使用半角空格作为分隔符。

观测数据组索引由 0 和 1 指示，当某个传感器没有开启或停用，则相应的观测数据组索引置为 0，否则置为 1。某个数据组的索引值为 0 时，则所对应的观测数据组省略，否则索引值为 1 时，则有所对应的观测数据组。

返回数据排列顺序如表 A.16。

表 A.16　终端命令返回数据排列顺序

序号	1	2	3	4	5	6	7	……	$n+5$
内容	标识字符串	区站号或 ID	观测时间	观测数据组索引	质量控制标志组(n 位)	观测数据 1	观测数据 2	……	观测数据 n

A.5.2　下载分钟常规观测数据（DMGD）

命令符：DMGD

参数按如下三种方式给出：

（1）不带参数，下载数据采集器所记录的最新分钟观测记录数据（最后一次下载结束以后的分钟观测记录数据）；

（2）参数为：开始时间 结束时间，下载指定时间范围内的分钟观测记录数据；

（3）参数为：开始时间 n，下载指定时间开始的 n 条分钟观测记录数据。

开始时间、结束时间格式：YYYY-MM-DD HH:MM。

观测数据及排列顺序如表 A.17。

数据记录单位：以气象行业标准《地面气象观测规范》规定为准，返回各要素值不含小数点，具体规定如表 A.18。

表 A.17 分钟常规观测数据返回内容及排列顺序

序号	内容	格式举例	序号	内容	格式举例
1	时间(北京时)	2006-02-28 16:43	25	10 cm 地温	同气温
2	观测数据索引	共 45 位	26	15 cm 地温	同气温
3	质量控制标志组	位长为观测数据索引中为 1 的个数,与各观测数据组相对应	27	20 cm 地温	同气温
4	2 min 平均风向	36°输出 36 123°输出 123	28	40 cm 地温	同气温
5	2 min 平均风速	2.7 m/s 输出 27	29	80 cm 地温	同气温
6	10 min 平均风向	同 2 min 风向	30	160 cm 地温	同气温
7	10 min 平均风速	同 2 min 风速	21	320 cm 地温	同气温
8	分钟内最大瞬时风速的风向	同 2 min 风向	32	当前分钟蒸发水位	0.1 mm 输出 1 1.0 mm 输出 10
9	分钟内最大瞬时风速	同 2 min 风速	33	小时累计蒸发量	同上
10	分钟降水量 (翻斗式或容栅式,RAT)	0.1 mm 输出 1 1.0 mm 输出 10	34	1 min 平均能见度	100 m 输出 100
11	小时累计降水量 (翻斗式或容栅式,RAT)	同上	35	10 min 平均能见度	100 m 输出 100
12	分钟降水量(翻斗式或容栅式气候辅助观测,RAT1)	同上	36	云高	100 m 输出 100
13	小时累计降水量 (翻斗式或容栅式气候辅助观测,RAT1)	同上	37	总云量	2 成输出 2
14	分钟降水量(称重式)	同上	38	低云量	同总云量
15	小时累计降水量 (称重式)	同上	39	现在天气现象编码	每种现象 2 位
16	气温	−0.8 ℃输出 −8 1.2 ℃输出 12	40	积雪深度	1 cm 输出 1
17	湿球温度	同气温	41	冻雨	有输出 1,无输出 0
18	相对湿度	23%输出 23 100%输出 100	42	电线积冰厚度	5 mm 输出 5
19	水汽压	12.3 hPa 输出 123	43	冻土深度	2 cm 输出 2
20	露点温度	同气温	44	闪电频次	10 次输出 10
21	本站气压	1001.3 hPa 输出 10013	45	扩展项数据 1	用户自定
22	草面温度	同气温	46	扩展项数据 2	用户自定
23	地表温度	同气温	47	扩展项数据 3	用户自定
24	5 cm 地温	同气温	48	扩展项数据 4	用户自定

注:若某记录缺测,相应各要素均至少用一个"/"字符表示;

降水量是当前时刻的分钟降水量,无降水时存入"0",微量降水存入",";

当使用湿敏电容测定湿度时,将求出的相对湿度值存入相对湿度数据位置,在湿球温度位置以"＊"作为识别标志;

现在天气现象编码按 WMO 有关自动气象站 SYNOP 天气代码表示,有多种现象时重复编码,最多 6 种。

表 A.18 常规观测数据记录单位及存储规定

要素名	记录单位	存储规定	要素名	记录单位	存储规定
气压	0.1 hPa	原值扩大10倍	蒸发量	0.1 mm	原值扩大10倍
温度	0.1 ℃	原值扩大10倍	能见度	1 m	原值
通风速度	0.1 m/s	原值扩大10倍	云高	1 m	原值
相对湿度	1%	原值	云量	成	原值
水汽压	0.1 hPa	原值扩大10倍	积雪深度	1 cm	原值
露点温度	0.1 ℃	原值扩大10倍	电线积冰厚度	1 mm	原值
降水量	0.1 mm	原值扩大10倍	冻土深度	1 cm	原值
降水量(大翻斗)	0.1 mm	原值扩大10倍	闪电频次	1次	原值
风向	1°	原值	时间	月、日、时、分	各取2位,高位不足补0
风速	0.1 m/s	原值扩大10倍			

A.5.3 下载分钟气候观测数据(DMCD)

命令符:DMCD

参数规定同 A.5.2,观测数据及排列顺序如表 A.19。

表 A.19 分钟气候观测数据返回内容及排列顺序

序号	内容	格式举例	序号	内容	格式举例
1	时间(北京时)	2006-02-28 16:43	8	降水量(称重式)	同上
2	观测数据索引	共11位	9	小时累计降水量(称重式)	同上
3	质量控制标志组	位长为观测数据索引中为1的个数,与各观测数据组相对应	10	2 min平均风速	2.7 m/s输出27
4	气温	−0.8 ℃输出−8 1.2 ℃输出12	11	10 min平均风速	同2 min风速
5	通风防辐射罩通风速度	4.8 m/s输出48	12	分钟极大风速	同2 min风速
6	降水量(翻斗式或容栅式气候辅助观测,RAT1)	0.5 mm输出5 1.0 mm输出10	13	地表温度(铂电阻)	同气温
7	小时累计降水量(翻斗式或容栅式气候辅助观测,RAT1)	同上	14	地表温度(红外)	同气温

注:若某记录缺测,相应各要素均至少用一个"/"字符表示;
降水量是当前时刻的分钟降水量,无降水时存入"0",微量降水存入","。

数据记录单位:以气象行业标准《地面气象观测规范》规定为准,返回各要素值不含小数点,具体规定如表 A.17。

A.5.4 下载分钟辐射观测数据(DMRD)

命令符:DMRD

参数规定同 A.5.2,观测数据及排列顺序如表 A.20。

表 A.20　分钟辐射观测数据返回内容及排列顺序

序号	内容	序号	内容
1	时间(地方时)	16	大气浑浊度
2	观测数据索引共 26 位	17	计算大气浑浊度时的直接辐射辐照度
3	质量控制标志组,位长为观测数据索引中为 1 的个数,与各观测数据组相对应	18	紫外辐射(UV)辐照度
4	总辐射辐照度	19	紫外辐射(UV)曝辐量
5	总辐射曝辐量	20	紫外辐射(UVA)辐照度
6	净辐射辐照度	21	紫外辐射(UVA)曝辐量
7	净辐射曝辐量	22	紫外辐射(UVB)辐照度
8	直接辐射辐照度	23	紫外辐射(UVB)曝辐量
9	直接辐射曝辐量	24	大气长波辐射辐照度
10	水平面直接辐射曝辐量	25	大气长波辐射曝辐量
11	散射辐射辐照度	26	地面长波辐射辐照度
12	散射辐射曝辐量	27	地面长波辐射曝辐量
13	反射辐射辐照度	28	光合有效辐射辐照度
14	反射辐度曝辐量	29	光合有效辐射曝辐量
15	日照时数		

注:时间格式为 YYYY-MM-DD HH:MM,如 2006 年 2 月 18 日 16 时 31 分输出:2006-02-28 16:31;

若某记录缺测,相应各要素均至少用一个"/"字符表示;

曝辐量是从上次正点后到本分钟采样这一时段时间内的累计值;

日照时数为当前分钟值,取分钟。

数据记录单位:以气象行业标准《地面气象观测规范》规定为准,返回各要素值不含小数点,具体规定如表 A.21。

表 A.21　辐射观测数据记录单位及存储规定

要素名	记录单位	存储规定	要素名	记录单位	存储规定
辐照度	1 W/m^2	原值	大气浑浊度		原值
	光合有效辐射:1 $\mu mol/(m^2 \cdot s)$	原值	日照	1 min	原值
	紫外辐射:0.1 W/m^2	扩大 10 倍			
曝辐量	0.01 MJ/m^2	扩大 100 倍			
	光合有效辐射:0.01 mol/m^2	扩大 100 倍			
	紫外辐射:0.001 MJ/m^2	扩大 1000 倍			

A.5.5　下载分钟土壤水分观测数据(DMSD)

命令符:DMSD

参数规定同 A.5.2,观测数据及排列顺序如表 A.22。

表 A. 22 分钟土壤水分观测数据返回内容及排列顺序

序号	内容	说明
1	时间(北京时)	格式:YYYY-MM-DD HH:MM
2	观测数据索引	共 9 位
3	质量控制标志组	位长为观测数据索引中为 1 的个数,与各观测数据组相对应
4	5 cm 土壤体积含水量	
5	10 cm 土壤体积含水量	
6	20 cm 土壤体积含水量	
7	30 cm 土壤体积含水量	单位为"%",取 1 位小数,
8	40 cm 土壤体积含水量	扩大 10 倍存储,不含小数点;若记录缺测,
9	50 cm 土壤体积含水量	至少用一个"/"字符表示
10	100 cm 土壤体积含水量	
11	180 cm 土壤体积含水量	
12	地下水位	单位为"cm",取整数,若记录缺测,至少用一个"/"字符表示

A. 5. 6 下载分钟海洋观测数据(DMOD)

命令符:DMOD

参数规定同 A.5.2,观测数据及排列顺序如表 A.23。

表 A. 23 分钟海洋观测数据返回内容及排列顺序

序号	内容	格式举例	序号	内容	格式举例
1	时分(北京时)	2006-02-28 16:43	12	最大波高	
2	观测数据索引	共 19 位	13	波向	
3	质量控制标志组	位长为观测数据索引中为 1 的个数,与各观测数据组相对应	14	表层海洋面流速	
4	浮标方位		15	潮高	
5	表层海水温度		16	海水浊度	
6	表层海水盐度		17	海水叶绿素浓度	
7	小时内表层海水平均盐度		18	扩展项数据 1	用户自定
8	表层海水电导率		19	扩展项数据 2	用户自定
9	小时内表层海水平均电导率		20	扩展项数据 3	用户自定
10	平均波高		21	扩展项数据 4	用户自定
11	平均波周期		22	扩展项数据 5	用户自定

注:若某记录缺测,相应各要素均至少用一个"/"字符表示。

数据记录单位:返回各要素值不含小数点,具体规定如表 A. 24。

表 A.24 海洋观测数据记录单位及存储规定

要素名	记录单位	存储规定
浮标方位	1°	原值
海水温度	0.1 ℃	取 1 位小数,原值扩大 10 倍存入
表层海水盐度	0.1 S	S(实用盐度单位),取 1 位小数,原值扩大 10 倍存入
表层海水电导率	0.01 mS/cm	取 2 位小数,原值扩大 100 倍存入
波高	0.01 m	取 2 位小数,原值扩大 100 倍存入
波周期	1 mHz	取整数
波向	1°	0~360°,取整数,当海上无浪或浪向不明时,波向记 C
流速	0.1 m/s	原值扩大 10 倍
潮高	1 cm	取整数
浊度	1 NTU(散射浊度单位)	取整数
叶绿素浓度	1 μg/L	取整数
时间	月、日、时、分	各取 2 位,高位不足补 0

1978 年国际上建立的实用盐度定义:海水样品在温度 15 ℃、1 个标准大气压下的电导率与质量比为 32.4356 g×10^{-3} 的氯化钾溶液(即 32.4356 gKCl/L)在相同温度和压力下的电导率比值。当比值正好等于 1 时,实用盐度恰好等于 35‰。实用盐度单位用 S 表示。

一般黄海、渤海近岸海水盐度为 26‰~32‰。海水的电导率一般在 30000~40000 μS/cm。

我国的自来水出厂标准是浊度小于 2 NTU,对于废水我国的标准是固体悬浮物浓度不超过 20 ppm。在自然界中一般江河水的浊度为几百个 NTU,而能见度为 6 m 的加勒比海水的浊度小于 0.1 NTU。

A.5.7 下载小时常规观测数据(DHGD)

命令符:DHGD

参数按如下三种方式给出:

(1)不带参数,下载数据采集器所记录的最新小时观测记录数据(最后一次下载结束以后的小时观测记录数据);

(2)参数为:开始时间 结束时间,下载指定时间范围内的小时观测记录数据;

(3)参数为:开始时间 n,下载指定时间开始的 n 条小时观测记录数据。

开始时间、结束时间格式:YYYY-MM-DD HH

观测数据及排列顺序如表 A.25。

表 A. 25 小时常规观测数据返回内容及排列顺序

序号	内容	格式举例	序号	内容	格式举例
1	时间（北京时）	2006 年 2 月 18 日 16 时输出：2006-02-28 16	37	草面最高温度出现时间	同最大风速出现时间
2	观测数据索引	共 68 位	38	草面最低温度	同气温
3	质量控制标志组	位长为观测数据索引中 为 1 的个数，与各观测 数据组相对应	39	草面最低温度出现时间	同最大风速出现时间
4	2 min 平均风向	36°输出 36 123°输出 123	40	地表温度	同气温
5	2 min 平均风速	2.7 m/s 输出 27	41	地表最高温度	同气温
6	10 min 平均风向	同 2 min 风向	42	地表最高温度出现时间	同最大风速出现时间
7	10 min 平均风速	同 2 min 风速	43	地表最低温度	同气温
8	最大风速的风向	同 2 min 风向	44	地表最低温度出现时间	同最大风速出现时间
9	最大风速	同 2 min 风速	45	5 cm 地温	同气温
10	最大风速出现时间	16 时 02 分输出 1602	46	10 cm 地温	同气温
11	分钟内最大瞬时风速的风向	同 2 min 风向	47	15 cm 地温	同气温
12	分钟内最大瞬时风速	同 2 min 风速	48	20 cm 地温	同气温
13	极大风向	同 2 min 风向	49	40 cm 地温	同气温
14	极大风速	同 2 min 风速	50	80 cm 地温	同气温
15	极大风速出现时间	同最大风速出现时间	51	160 cm 地温	同气温
16	小时降水量（翻斗式 或容栅式，RAT）	0.1 mm 输出 1 1.0 mm 输出 10	52	320 cm 地温	同气温
17	小时降水量（翻斗式或容栅式 气候辅助观测，RAT1）	同上	53	正点分钟蒸发水位	0.1 mm 输出 1 1.0 mm 输出 10
18	小时降水量（称重式）	同上	54	小时累计蒸发量	同上
19	气温	−0.8 ℃输出 −8 1.2 ℃输出 12	55	1 min 能见度	100 m 输出 100
20	最高气温	同气温	56	10 min 平均能见度	100 m 输出 100
21	最高气温出现时间	同最大风速出现时间	57	最小 10 min 平均能见度	同 1 min 能见度
22	最低气温	同气温	58	最小 10 min 平均 能见度出现时间	同最大风速出现时间
23	最低气温出现时间	同最大风速出现时间	59	云高	100 m 输出 100
24	湿球温度	同气温	60	总云量	2 成输出 2
25	相对湿度	23%输出 23 100%输出 100	61	低云量	同总云量
26	最小相对湿度	同相对湿度	62	现在天气现象编码	每种现象 2 位
27	最小相对湿度出现时间	同最大风速出现时间	63	积雪深度	1 cm 输出 1
28	水汽压	12.3 hPa 输出 123	64	冻雨	有输出 1，无输出 0
29	露点温度	同气温	65	电线积冰厚度	5 mm 输出 5
30	本站气压	1001.3 hPa 输出 10013	66	冻土深度	2 cm 输出 2
31	最高本站气压	1001.3 hPa 输出 10013	67	闪电频次	10 次输出 10
32	最高本站气压出现时间	同最大风速出现时间	68	扩展项数据 1	用户自定
33	最低本站气压	同本站气压	69	扩展项数据 2	用户自定
34	最低本站气压出现时间	同最大风速出现时间	70	扩展项数据 3	用户自定
35	草面温度	同气温	71	扩展项数据 4	用户自定
36	草面最高温度	同气温			

注：若某记录缺测，相应各要素均至少用一个"/"字符表示；
当使用湿敏电容测定湿度时，除在湿敏电容数据位写入相应的数据值外，同时应将求出的相对湿度值存入相对湿度数据位

置,在湿球温度位置一律以"＊"作为识别标志;

正点值的含义是指北京时正点采集的数据;

"日、时"作为记录识别标志用,日、时各两位,高位不足补"0",其中"日"是按北京时的日期;"时"是指正点小时;

日照采用地方平均太阳时,存储内容统一定为地方平均太阳时上次正点观测到本次正点观测这一时段内的日照总量;

各种极值存上次正点观测到本次正点观测这一时段内的极值;

小时降水量是从上次正点到本次正点这一时段内的降水量累计值,无降水时存入"0",微量降水存入",";

现在天气现象编码按 WMO 有关自动气象站 SYNOP 天气代码表示。

数据记录单位同分钟常规观测数据。

A.5.8　下载小时气候观测数据(DHCD)

命令符:DHCD

参数规定同 A.5.7,观测数据及排列顺序如表 A.26。

表 A.26　小时气候观测数据返回内容及排列顺序

序号	内容	格式举例	序号	内容	格式举例
1	时间(北京时)	2006-02-28 17	15	最大风速出现时间	16 时 02 分输出 1602
2	观测数据索引	共 25 位	16	分钟内极大风速	同 2 min 风速
3	质量控制标志组	位长为观测数据索引中为 1 的个数,与各观测数据组相对应	17	极大风速	同 2 min 风速
4	气温	−0.8 ℃输出−8 1.2 ℃输出 12	18	极大风速出现时间	同最大风速出现时间
5	最高气温	同气温	19	地表温度(铂电阻)	同气温
6	最高气温出现时间	同最大风速出现时间	20	地表最高温度(铂电阻)	同气温
7	最低气温	同气温	21	地表最高温度出现时间(铂电阻)	同最大风速出现时间
8	最低气温出现时间	同最大风速出现时间	22	地表最低温度(铂电阻)	同气温
9	通风防辐射罩通风速度	4.8 m/s 输出 48	23	地表最低温度出现时间(铂电阻)	同最大风速出现时间
10	降水量(大翻斗)	0.5 mm 输出 5 1.0 mm 输出 10	24	地表温度(红外)	同气温
11	降水量(称重式)	同上	25	地表最高温度(红外)	同气温
12	2 min 平均风速	2.7 m/s 输出 27	26	地表最高温度出现时间(红外)	同最大风速出现时间
13	10 min 平均风速	同 2 min 风速	27	地表最低温度(红外)	同气温
14	最大风速	同 2 min 风速	28	地表最低温度出现时间(红外)	同最大风速出现时间

注:若某记录缺测,相应各要素均至少用一个"/"字符表示;

正点值的含义是指北京时正点采集的数据;

"日、时"作为记录识别标志用,日、时各两位,高位不足补"0",其中"日"是按北京时的日期;"时"是指正点小时;

各种极值保存上次正点观测到本次正点观测这一时段内的极值;

小时降水量是从上次正点到本次正点这一时段内的降水量累计值,无降水时存入"0",微量降水存入","。

数据记录单位同常规观测数据。

A.5.9　下载小时辐射观测数据(DHRD)

命令符:DHRD

参数规定同 A.5.7,观测数据及排列顺序如表 A.27。

表 A.27　小时辐射观测数据返回内容及排列顺序

序号	内容	序号	内容
1	时间(地方时)	28	大气浑浊度
2	观测数据索引共50位	29	计算大气浑浊度时的直接辐射辐照度
3	质量控制标志组,位长为观测数据索引中为1的个数,与各观测数据组相对应	30	正点时紫外辐射辐照度
4	正点时总辐射辐照度	31	小时内紫外辐射曝辐量
5	小时内总辐射曝辐量	32	小时内紫外辐射最大辐照度
6	小时内总辐射最大辐照度	33	小时内紫外辐射极大值出现时间
7	小时内总辐射最大辐照度出现时间	34	正点时紫外辐射(UVA)辐照度
8	正点时净辐射辐照度	35	小时内紫外辐射(UVA)曝辐量
9	小时内净辐射曝辐量	36	小时内紫外辐射(UVA)最大辐照度
10	小时内净辐射最大辐照度	37	小时内紫外辐射(UVA)极大值出现时间
11	小时内净辐射最大辐照度出现时间	38	正点时紫外辐射(UVB)辐照度
12	小时内净辐射最小辐照度	39	小时内紫外辐射(UVB)曝辐量
13	小时内净辐射最小辐照度出现时间	40	小时内紫外辐射(UVB)最大辐照度
14	正点时直接辐射辐照度	41	小时内紫外辐射(UVB)极大值出现时间
15	小时内直接辐射曝辐量	42	正点时大气长波辐射辐照度
16	小时内直接辐射最大辐照度	43	小时内大气长波辐射曝辐量
17	小时内直接辐射最大辐照度出现时间	44	小时内大气长波辐射最大辐照度
18	小时内水平面直接辐射曝辐量	45	小时内大气长波辐射最大辐照度出现时间
19	正点时散射辐射辐照度	46	正点时地面长波辐射辐照度
20	小时内散射辐射曝辐量	47	小时内地面长波辐射曝辐量
21	小时内散射辐射最大辐照度	48	小时内地面长波辐射最大辐照度
22	小时内散射辐射最大辐照度出现时间	49	小时内地面长波辐射最大辐照度出现时间
23	正点时反射辐射辐照度	50	正点时光合有效辐射辐照度
24	小时内反射辐射曝辐量	51	小时内光合有效辐射曝辐量
25	小时内反射辐射最大辐照度	52	小时内光合有效辐射最大辐照度
26	小时内反射辐射极大值出现时间	53	小时内光合有效辐射最大辐照度出现时间
27	小时内日照时数		

注:时间格式为 YYYY-MM-DD HH,如 2006 年 2 月 18 日 16:00 输出:2006-02-28 16;

若某记录缺测,相应各要素均至少用一个"/"字符表示;

各要素曝辐量是从上次正点观测后到本次正点观测这一时段内的累计值;

最大辐照度应是从上次正点观测后到本次正点观测这一时段内的极值;

极值出现时间格式为 HHMM,HH 为时,MM 为分,高位不足时,高位补"0";

日照时数为小时累计值,按分钟存储。

数据记录单位同分钟辐射观测数据。

A.5.10 下载小时土壤水分观测数据(DHSD)

命令符:DHSD

参数规定同 A.5.7,观测数据及排列顺序如表 A.28。

表 A.28 小时土壤水分观测数据返回内容及排列顺序

序号	内容	序号	内容
1	日时(北京时)	27	30 cm 小时平均土壤水分贮存量
2	观测数据索引共49位	28	40 cm 正点瞬时土壤体积含水量
3	质量控制标志组,位长为观测数据索引中为1的个数,与各观测数据组相对应	29	40 cm 小时平均土壤体积含水量
4	5 cm 正点瞬时土壤体积含水量	30	40 cm 正点瞬时土壤相对湿度
5	5 cm 小时平均土壤体积含水量	31	40 cm 小时平均土壤相对湿度
6	5 cm 正点瞬时土壤相对湿度	32	40 cm 小时平均土壤重量含水率
7	5 cm 小时平均土壤相对湿度	33	40 cm 小时平均土壤水分贮存量
8	5 cm 小时平均土壤重量含水率	34	50 cm 正点瞬时土壤体积含水量
9	5 cm 小时平均土壤水分贮存量	35	50 cm 小时平均土壤体积含水量
10	10 cm 正点瞬时土壤体积含水量	36	50 cm 正点瞬时土壤相对湿度
11	10 cm 小时平均土壤体积含水量	37	50 cm 小时平均土壤相对湿度
12	10 cm 正点瞬时土壤相对湿度	38	50 cm 小时平均土壤重量含水率
13	10 cm 小时平均土壤相对湿度	39	50 cm 小时平均土壤水分贮存量
14	10 cm 小时平均土壤重量含水率	40	100 cm 正点瞬时土壤体积含水量
15	10 cm 小时平均土壤水分贮存量	41	100 cm 小时平均土壤体积含水量
16	20 cm 正点瞬时土壤体积含水量	42	100 cm 正点瞬时土壤相对湿度
17	20 cm 小时平均土壤体积含水量	43	100 cm 小时平均土壤相对湿度
18	20 cm 正点瞬时土壤相对湿度	44	100 cm 小时平均土壤重量含水率
19	20 cm 小时平均土壤相对湿度	45	100 cm 小时平均土壤水分贮存量
20	20 cm 小时平均土壤重量含水率	46	180 cm 正点瞬时土壤体积含水量
21	20 cm 小时平均土壤水分贮存量	47	180 cm 小时平均土壤体积含水量
22	30 cm 正点瞬时土壤体积含水量	48	180 cm 正点瞬时土壤相对湿度
23	30 cm 小时平均土壤体积含水量	49	180 cm 小时平均土壤相对湿度
24	30 cm 正点瞬时土壤相对湿度	50	180 cm 小时平均土壤重量含水率
25	30 cm 小时平均土壤相对湿度	51	180 cm 小时平均土壤水分贮存量
26	30 cm 小时平均土壤重量含水率	52	地下水位

注:时间格式为 YYYY-MM-DD HH,如 2006 年 2 月 18 日 16 时输出:2006-02-28 16;

若某记录缺测,相应各要素均至少用一个"/"字符表示。

数据记录单位:以《农业气象观测规范》规定为准,返回各要素值不含小数点,具体规定如表 A.29。

表 A.29 土壤水分观测数据记录单位及存储规定

要素名	记录单位	存储规定	要素名	记录单位	存储规定
土壤体积含水量	0.1%	原值扩大 10 倍存储	土壤重量含水率	0.1%	原值扩大 10 倍存储
土壤相对湿度	1%	原值	土壤水分贮存量	1 mm	原值

A.5.11 下载小时海洋观测数据(DHOD)

命令符:DHOD

参数规定同 A.5.7,观测数据及排列顺序如表 A.30。

表 A.30 小时海洋观测数据返回内容及排列顺序

序号	内容	格式举例	序号	内容	格式举例
1	时分(北京时)	2006-02-28 16	18	波向	
2	观测数据索引	共 30 位	19	潮高	
3	质量控制标志组	位长为观测数据索引中为 1 的个数,与各观测数据组相对应	20	最高潮高	
4	浮标方位		21	最高潮高出现时间	
5	表层海水温度		22	最低潮高	
6	表层海水最高温度		23	最低潮高出现时间	
7	表层海水最高温度出现时间		24	表层海洋面流速	
8	表层海水最低温度		25	海水浊度	
9	表层海水最低温度出现时间		26	海水平均浊度	
10	表层海水盐度		27	海水叶绿素浓度	
11	表层海水平均盐度		28	海水平均叶绿素浓度	
12	表层海水电导率		29	扩展项数据 1	用户自定
13	表层海水平均电导率		30	扩展项数据 2	用户自定
14	平均波高		31	扩展项数据 3	用户自定
15	平均波周期		32	扩展项数据 4	用户自定
16	最大波周期		33	扩展项数据 5	用户自定
17	最大波高				

注:若某记录缺测,相应各要素均至少用一个"/"字符表示;

各要素极值应是从上次正点后到本次采样这一时段内的极值。

数据记录单位同分钟海洋观测数据。

A.5.12 读取采样数据(SAMPLE)

能够读取采样数据的要素至少包括气温、相对湿度(湿敏电容或露点仪)、风向、风速、地温、总辐射、直接辐射、净辐射、表层海水温度。

命令符:SAMPLE XX

其中,XX 为传感器标识符,对应关系见表 A.2。

参数:YYYY-MM-DD HH:MM。

返回值:指定传感器、指定时间内的采样值。其中数据帧标识字符串定义为"SAMPLE_XX",其中 XX 为对应的传感器标识符,每个数据之间使用半角空格作为分隔符,各传感器返回数据的组数为分钟内采样的频率。各要素的数据记录单位和格式与分钟观测数据相同。

A.6 报警操作命令

A.6.1 设置或读取大风报警阈值(GALE)

命令符:GALE

参数:大风报警阈值(单位为 1 m/s)。

示例:若大风报警阈值为 17 m/s,则键入命令为:

GALE 17 ↙

返回值:<F>表示设置失败,<T>表示设置成功。

若数据采集器中的大风报警阈值为 20,直接键入命令:

GALE ↙

正确返回值为<20>。

A.6.2 设置或读取高温报警阈值(TMAX)

命令符:TMAX

参数:高温报警阈值(单位为 1 ℃)。

示例:若高温报警阈值为 35 ℃,则键入命令为:

TMAX 35 ↙

返回值:<F>表示设置失败,<T>表示设置成功。

若数据采集器中的高温报警阈值为 40,直接键入命令:

TMAX ↙

正确返回值为<40>。

A.6.3 设置或读取低温报警阈值(TMIN)

命令符:TMIN

参数:低温报警阈值(单位为 1 ℃)。

示例:若大风报警阈值为−10 ℃,则键入命令为:

TMIN-10 ↙

返回值:<F>表示设置失败,<T>表示设置成功。

若数据采集器中的大风报警阈值为 0,直接键入命令:

TMIN ↙

正确返回值为<0>。

A.6.4 设置或读取降水量报警阈值(RMAX)

命令符:RMAX

参数:累计降水量报警阈值(单位为 1 mm)。

示例:若累计降水量报警阈值为 50 mm,则键入命令为:

RMAX 50 ↙

返回值:<F>表示设置失败,<T>表示设置成功。

若数据采集器中的累计降水量报警阈值为 100,直接键入命令:

RMAX ↙

正确返回值为<100>。

A. 6. 5　设置或读取采集器温度报警阈值(DTLT)

命令符:DTLT

参数:采集器主板温度报警阈值(单位为 1 ℃)。

示例:若采集器主板温度报警阈值为 35 ℃,则键入命令为:

DTLT 35 ↙

返回值:<F>表示设置失败,<T>表示设置成功。

若数据采集器中的采集器主板温度报警阈值为 40,直接键入命令:

DTLT ↙

正确返回值为<40>。

A. 6. 6　设置或读取采集器蓄电池电压报警阈值(DTLV)

命令符:DTLV

参数:采集器蓄电池电压报警阈值(单位为 1 V)。

示例:若采集器蓄电池电压报警阈值为 20 V,则键入命令为:

DTLV 20 ↙

返回值:<F>表示设置失败,<T>表示设置成功。

若数据采集器蓄电池电压报警阈值为 10,直接键入命令:

DTLV ↙

正确返回值为<10>

附录 B 串口调试软件使用方法

B.1 SSCOM32.exe

通过串口调试工具可以直接给观测系统的采集器发命令，进行相关的维护操作。调试工具软件可以是"超级终端"软件，或者是 SSCOM32.exe 程序。推荐使用 SSCOM32.exe 程序，运行后界面如图 B.1。

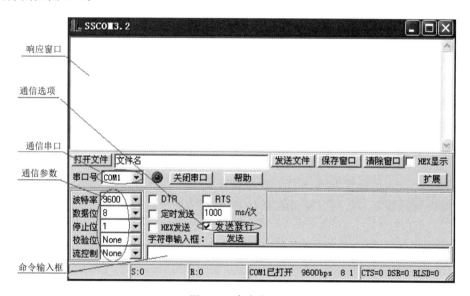

图 B.1 命令窗口

B.2 设置参数

请按上图指示位置设置好以下参数：

(1)通信串口号:串口号的设置必须是与计算机上连接主采集器的那个串口;

(2)波特率:波特率必须与主采集器的波特率相一致,通常使用 9600;

(3)通信参数:按图示设置;

(4)通信选项:按图示勾选。

B.3　打开串口

点击"打开串口"按钮,指定的串口即被打开。串口打开后,此按钮上的文字将变为"关闭串口"。

B.4　输入维护命令

设置好参数并打开串口后,可在命令输入框中输入所需的维护命令,如读取采集器时间命令:TIME。然后点击"发送"按钮,采集器的响应内容将显示在响应窗口中。

附录 C　地面气象应急观测

C.1　应急观测要求

已实现仪器自动观测的要素，应急观测时采用自动观测数据。

在应急观测时次，应进行人工数据质控，在相应正点数据文件中录入人工观测记录，校对天气现象编码，对自动观测数据进行全面检查和质控，对降水天气现象、降水量等观测记录应予重点关注。

按照指令要求，自动启动编发龙卷、冰雹重要天气报告。

C.2　应急重要报电码形式

电码形式：$(WS)GGgg\ W_0\ IIiii\ 919M_wD_a\ 939nn$；详细释义见表 C.1 所示。电码组"$M_wD_a$"释义如表 C.2 所示。

表 C.1　重要报电码形式

电码组	释义
（WS）	报类指示组，以英文字母加括号编报
$GGggW_0$	GGgg：重要天气现象达到发报标准的时间（北京时），GG 为时数，gg 为分钟数 W_0：发报要求指示码 按本省（区、市）要求的发报标准编发的重要天气报告，W_0 报 1 按国家气象中心要求的发报标准编发的重要天气报告，W_0 报 0 同时符合本省（区、市）和国家气象中心要求的发报标准时，W_0 也报 0
IIiii	区站号
$919M_wD_a$	919：指示码，表示其后为龙卷资料 M_w：海龙卷、陆龙卷 D_a：龙卷所在的方位
939nn	939：指示码，表示其后为冰雹资料 nn：最大冰雹的最大直径，以 mm 为单位编报。冰雹直径≥99 mm 时，nn 报 99

表 C.2 $M_w D_a$ 电码表

电码	M_w（龙卷类别，距测站距离）	D_a（方位）
0	海龙卷，距测站 3.0 km 或以内	在测站上
1	海龙卷，距测站 3.0 km 以外	东北
2	陆龙卷，距测站 3.0 km 或以内	东
3	陆龙卷，距测站 3.0 km 以外	东南
4		南
5		西南
6		西
7		西北
8		北
9		多个方位

C.3 应急重要报编发标准

应急重要报编发标准详见表 C.3 所示。

表 C.3 重要报编发标准

重要天气发报项目	电码组	编发标准	编发说明
龙卷	$919M_w D_a$	（始发）测站或视区内出现龙卷 （续发）又有另一龙卷出现	只要出现龙卷就编发
冰雹	939nn	（始发）测站出现冰雹 （续发）同次过程中，冰雹直径增大 10 mm 或以上	始发标准 0 mm 续发标准 ＋10 mm

冰雹随降随化或来不及测量时，可目测估计其直径编报。

"同次过程"是指同次天气系统。如一次天气系统中发生多次降雹天气，应算作一次过程。不以积雨云过境次数计算过程次数。

C.4 应急重要报编发原则

冰雹、龙卷重要天报不定时编发，即观测到冰雹、龙卷达到发报标准时，应在 10 min 内编发出重要天气报告。

当同时有两种重要天气现象达到发报标准（包括前一种现象的报还没有发出，又有另一种现象达到发报标准）时，合并编发一份重要天气报告，有关电码组一一编发。此时，GGgg 编报最后一种现象达到发报标准的时间。

在 08、14、20 时整点前半小时（31—00 分）内观测到冰雹现象达到发报标准时，其相关内容合并在正点文件中，不另发重要天气报。

夜间重要天气现象的编发原则：

20:01—07:30，出现时间可以确定且在编发时效内的重要天气现象，尽量编发。不能确定具体时间的可不编发。

20:01—07:30 出现但未编发重要报且持续到 07:30 之后的重要天气现象，如达到始发或续发标准，龙卷以 07:31 为发报时间编发；冰雹现象合并在 08 时报文中，不单独编发。

附录 D　试题题样

D.1　应急观测数据处理

说明:

1.退出杀毒软件,关闭计算机声音,调整计算机时间为 2022 年 5 月 15 日 08 时。

2.软件、数据和本试卷的电子文档在所发 U 盘中,选手在计算机上完成软件安装和试题中要求的各项内容,形成相关数据文件。若选手的计算机中已安装同类软件,请先卸载并删除原安装文件夹,再行安装。

3.答题过程中弹出的补调数据窗口可关闭或忽略。

4.观测及异常记录的处理按现行业务规定执行。

5.题中涉及气象要素值的,若无特殊说明,均以质控数据为准。

6.选手须在所发 U 盘的根目录,建立以座位号＋姓名命名的文件夹;考试结束前,将以下文件拷入:

(1)利用软件的"数据备份"功能将相关文件备份到上报目录;

(2)smo.loc 文件;

(3)题目中要求上报的其他文件。

7.考试结束后,由监考人员统一收取 U 盘。

8.其他说明:

(1)同时次有多份上报数据文件时,以最后一份更正报为准。

(2)选手在答题时注意预留足够时间完成"答案提交"操作步骤,一定在考试时间结束前将答题拷贝到指定 U 盘。

D.1.1　软件安装及参数设置

1.安装地面综合观测业务软件 Ver3.0.4.215,安装路径"F:\ISOS",安装后暂不启动。

2.运行"ISOS 数据.exe",按默认路径安装,覆盖同名文件。

3.启动软件,根据下表结合当前计算机日期修改相关参数及挂接设置,表中未给出的以默认参数值为准(详细参见表 D.1 所示)。

表 D.1　详细参数

省(市、区)名	黑龙江省
区站号	12345
站名	鹤城国家基本气象站
站址	大成市梅里斯区烧烤小镇 520 号
地理环境	天涯;海角
区站字母代码	DBBQ
经纬度	123°95′34″E，47°36′00″N
观测场海拔高度	75.0 m
气压传感器海拔高度	77.6 m
风传感器距地高度	10.5 m
视程障碍现象湿度	根据 2022 年 2 月 1 日视程障碍现象识别结果设置
视程障碍现象能见度高低阈值	根据现行业务规定按轻雾、雾的自动判识阈值设置
自动观测项目	气压、气温(百叶箱)、相对湿度、风向、风速、0.1 mm 翻斗雨量(5—10 月挂接并选为数据源)、称重降水(全年挂接,其他月份为数据源)、0～20 cm 地温、草温、蒸发(5—10 月)、新型站能见度、视程障碍现象、降水天气现象(以自动观测结果为准,人工质控订正)、日照、冻土
自定观测项目	该站无云、雪深自动观测设备,电线积冰 其他省级自定项目按相关规定设置
首页控件显示要素所在数据表	常规要素每日逐分钟质控数据表
报警设置	启用所有质控报警,声音文件为"质控告警提示" 根据相关标准,汛期启用"短时强降水"报警 添加但不启用"窗口污染"报警 报警条件:降水现象仪窗口污染情况不正常
要素显示	每分钟顺序更新显示气温、相对湿度、本站气压的订正数据,称重分钟降水量的质控数据,降水天气现象判识结果的订正数据,水平能见度,主采集器电源电压和降水现象仪的窗口污染情况(每行显示一个要素)
自定项目参数	从提供的"自定项目参数"导入,修改"自定观测时次发送时间"为 4 分钟

4.将挂接设置导出为"挂接参数.csv"存入上报文件夹。

D.1.2　模拟运行

模拟背景:

A.针对 2022 年 2 月 15 日出现的大范围降雪天气过程,省局发布了地面气象应急观测指令,应急观测项目"积雪、雪深、降雪量",观测时段"2 月 15 日 07 时和 08 时",加密周期"1 小时"。

B.07 时、08 时雪深(单位:mm)测量结果如表 D.2 所示:

表 D.2　雪深数据

07 时雪深测量结果	第 1 次	第 2 次	第 3 次	08 时雪深测量结果	第 1 次	第 2 次	第 3 次
25	29	31		35	33	37	

C.2 月 15 日早上,值班员"网红"发现因软件故障,07 时观测数据未正常入库。

无备份站记录可用。

1.请协助值班员处理 07 时数据,形成数据文件。

2.合理调整计算机时间,重启 ISOS,开启模拟,模拟 2022 年 2 月 15 日 07:10—08:00 的实时数据采集。模拟结束后,将模拟时段内"要素显示"界面中的数据导出为"模拟数据.xml"上报。

3.分析采集数据和质控警告信息,对相关设备进行维护。维护开始时间为设备故障或数据异常的第一分钟(秒数 30),结束时间为开始时间 2 小时之后,操作内容为"维护",将维护记录导出为"设备维护.xml"上报。

4.形成 08 时数据文件(注:07:30 降雪结束,值班员在定时观测前将承水口内沿积雪清理至内筒)。

D.1.3　数据处理

该站 2022 年 5 月 9 日部分观测数据出现异常。请根据现行业务规定,参照省局 MDOS 质控信息和值班日志记录(表 D.3),对相关时次异常数据质控处理(截止到 9 日 15 时),生成上传数据文件(天气现象编码按相关规定订正)。

表 D.3　MDOS 质控信息和值班日志记录

A. 该日部分时次数据缺测

B. 06 时之后出现连续性降水

C. 1001—11 降雹,前 30 分钟随降随化,目测直径约为 2 mm;1040 转为中等强度的冰雹,测得冰雹最大直径 15 mm

D. 强降水期间蒸发取水

D.2　装备技术保障 DZZ5

当裁判长宣布竞赛开始时,选手方可开始操作,同时各组裁判开始计时,选手应注意操作过程的规范化,裁判根据选手的操作步骤、操作过程和操作结果进行评分。当裁判长宣布整场竞赛时间到(或选手宣布完成考试),裁判计时结束,选手应立即停止操作,裁判不再计分,选手需协助裁判将设备拆卸,恢复成初始状态,并在裁判的监督下退场。竞赛中不包含对市电操作,竞赛开始时设备处于带电状态,防雷器(板)与采集器已预先连接,选手不必拆卸,现场提供的设备及工具如表 D.4 所示。

表 D. 4　提供的设备及工具

设备名称	配置(DZZ5)
自动站机箱	DZZ5
电源箱	DY05
主采集器	HY3000
温湿分采集器	HY1101
温度传感器	HYA-T
湿度传感器	HYHMP155A
气压传感器	HYPTB210
风向传感器	EL15-2C
风速传感器	EL15-1C
雨量传感器	SL3-1
光学式数字日照计	DFC2
降水现象仪	DSG5

工具箱

万用表、指南针、水平尺、扳手、内六角扳手、一字螺丝刀、十字螺丝刀

光纤通信盒、风横臂、风横臂支架、温湿度支架、电池、电缆、光纤尾纤、笔记本、USB 转串口线

D. 2. 1　设备安装、连接与检查

1. 完成风向传感器、风速传感器、雨量传感器和光学式数字日照计的安装。

2. 完成传感器与主采集器、主采集器与综合集成硬件控制器和传感器与综合集成硬件控制器的连接。

3. 将考试平台各部分调整为规范的安装方式。

D. 2. 2　电源及信号检测

1. 接通自动气象站电源。

2. 使用万用表测量主采集器的交流输入电压值 ACV、气压的供电电压、湿度的输出电压、风速的供电电压、天气现象视频观测仪供电电压，填入下表 D. 5 中。(湿度测量结果保留两位小数，其他值的结果保留一位小数，四舍五入)

表 D. 5　需测量的数值 1

项目	测试或计算值
自动站供电电压	
气压传感器供电电压	
湿度传感器输出电压	
风速传感器供电电压	

3. 用万用表测量温度传感器四线之间的电阻值 $R1$ 和 $R2(R1 < R2)$，并利用铂电阻温度公式计算该温度传感器测量的温度值。测量的电阻值和计算结果填入下表 D. 6 中(结果保留

一位小数,四舍五入)。

表 D. 6　需测量的数值 2

项目	测试或计算值
电阻值 $R1$	
电阻值 $R2$	
电阻值 Rt	
温度值 t	

D. 2. 3　自动气象站终端命令应用

1. 启动台站地面综合观测业务软件(ISOS),在 ISOS 中正确挂接观测项目(仅挂接温度、湿度、气压、风向、风速、雨量),并利用 ISOS 软件完成以下操作。

(1)通过命令读取采集器基本数据信息并将返回值填写到表 D. 7 中。

表 D. 7　采集器返回基本数据

采集器日期		采集器温度报警阈值	
采集器时间		高温报警阈值	
观测站区站号		气温测量范围	
观测站纬度		风速配置参数	
观测站经度		翻斗雨量配置参数	

(2)读取当前主采集器工作状态并填写入表 D. 8 中。

表 D. 8　采集器返回工作状态

状态内容	
主采集器电源电压	
主采集器供电类型	
主采集器 CF 卡状态	
CAN 总线状态	
主采集器门开关状态	

2. 写出 4 个获取主采集器机箱温度的命令,并实际操作:＿＿＿＿＿＿、＿＿＿＿＿＿、＿＿＿＿＿＿、＿＿＿＿＿＿。

D. 2. 4　检测维护自动气象站,填写故障维修单

检查判断故障点并进行恢复,申请更换的故障部件为最小可更换单元,更换时需向裁判示意,根据裁判示意要求进行下一步操作,请在表 D. 9 中写出故障现象、故障点、故障分析、维修操作等。

表 D.9　故障维护单

	故障维护单（一）
故障现象	
故障确定点	
故障分析	
维修操作	

	故障维护单（二）
故障现象	
故障确定点	
故障分析	
维修操作	

	故障维护单（三）
故障现象	
故障确定点	
故障分析	
维修操作	

D.2.5　附加题

在风向传感器正确规范安装后，现场观测判断风向与 ISOS 软件采集的观测数据有比较大误差，通过测量的方式查找风向传感器故障点，并将风向传感器修复正常（表 D.10）。

（提示：风向传感器测量角度为：90°和 180°，可寻求裁判帮助固定）

表 D.10　风向格雷码及数值

方向	格雷码	数值
90°		
180°		

D.3　监测预警服务试卷

考试说明：

1.闭卷考试，提供电子版和纸质试卷各一份，考生最终以"座位号＋姓名"（例：01 网红）为文件名提交.doc 格式电子文档。

2.预警信号文字撰写部分的考核重点是：预警发布（变更）时间、预警信号种类和等级等。考试中，我们提供预警信号发布用语模板。

3.预警信号发布的文件依据主要有《气象灾害预警信号发布与传播办法》（中国气象局 16 号令）和《气象灾害预警信号发布业务规定》（气发〔2008〕476 号）。为简化考试，此次模拟预警信号发布在上述文件的基础上做了一些调整,请特别注意。

不同之处如下:

(1)预警发布未来 2 小时内的天气,预警信号不得在雷达上还未出现强对流天气特征信号前发布;

(2)预警信号发布 2 小时后自动撤销,2 小时后预警维持或升级,需再次发布;

(3)发布雷暴大风、冰雹、短时强降水预警信号,不发布雷电预警信号;

(4)冰雹预警信号等级只设一档(红色),雷暴大风和短时强降水预警信号等级只设两档(蓝色和红色),根据表 D. 10 和表 D. 11 标准发布;

(5)当不同种类的灾害性天气同时出现时,选最可能致灾的天气发布,其他灾害性天气也必须在所发布的预警信息中提及,当雷暴大风和短时强降水均可能致灾时,可以发布雷雨大风预警。

表 D. 11　冰雹预警等级标准

灾害性天气类型	红色
冰雹	2 小时内有直径 2 cm 以上的冰雹

表 D. 12　短时强降水、雷暴大风预警等级标准

灾害性天气类型	蓝色	红色
短时强降水	2 小时内将出现 1 小时 20～40 mm 降水	2 小时内将出现 1 小时 40 mm 以上降水
雷暴大风	2 小时内阵风可达 8～10 级	2 小时内,阵风可达 10 级以上

4. 预警发布用语模板

黑龙江省太阳岛市今日(18 日)15 时 30 分发布雷暴大风蓝色预警信号:预计未来 2 小时太阳岛市有雷阵雨天气,将伴有 9 级以上阵风,且短时雨强较大。请有关单位和人员作好防范准备。

5. 天气背景资料包括 200 hPa、500 hPa、700 hPa、850 hPa、925 hPa 和地面图,经过订正的 T-$\ln p$ 图,红外云图。上述资料以图片文件形式提供,具体图片内容可以从图片文件名判断;雷达产品数据需要使用 PUP 软件调用,考试前请将"雷达地图文件 Maps"文件夹下的内容拷入雷达 PUP 安装目录"Maps"文件夹下。

6. 实况的确定

(1)雷暴大风:根据站点记录实况和多普勒径向速度综合进行评定,如果站点出现或根据多普勒径向速度估计可能出现相应等级的大风,则可得相应分值,否则不得分;

(2)短时强降水或规定时段强降水:根据站点记录实况进行评定,如果站点根据题目内规定的具体时段超过一定阈值的强降水,则可得相应分值,否则不得分;

(3)冰雹:若以站点为中心的 15 km 为半径圆形区域内出现了直径 20 mm 或以上冰雹,则可得相应分值,否则不得分。

D.3.1　强对流天气监测预警历史个例分析

1. 监测分析

(1)请结合给定的数据资料,监测预报 2022 年 8 月 20 日 16—21 时给定站点发生的强对流天气。

(2)请将监测预报结果填入下面的表格中,作为选手的最终答案;

(3)预报结果:认为出现打"√",不出现打"×"。

(4)预警站点如图 D.1 所示。

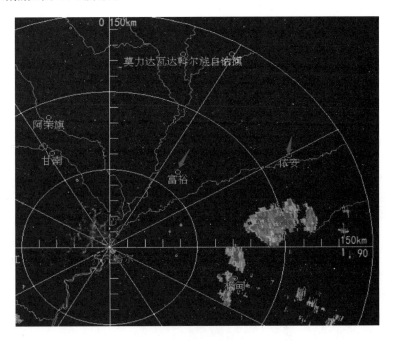

图 D.1　雷达图样例

表 D.13　监测分析答题样表

预报内容 站点	>20 mm/1h 强降水	>40 mm/1h 强降水	>17 m/s 阵风	>25 m/s 阵风	>20 mm 直径冰雹
富裕(12345)					
依安(54321)					

2. 预警信号文字撰写

分别指出 2 个站,最好是有分段的预警信号需要更新发布等。

如果需要发布气象灾害预警信号,请根据预警发布相关规定给出上述两地 14—20 时需要发布的预警(预警发布标准及预警信号发布用语模板见《强对流天气临近预报历史个例考试说明》,请注意预警信号的升级、变更)。

D.3.2　决策气象服务材料

基于前面做出的预报结论,请撰写一篇相关的决策气象服务材料。

假如你是富裕县气象局的值班人员"网红",基于前面做出的预报结论,请撰写一篇相关的决策气象服务材料。要求如下:

(1)根据预警信号内容,基于对应预报时效内的天气进行描述。

(2)选手可参考材料制作模板制作气象服务材料。

(3)材料字数不限,具体格式不限,但一般要包含标题、实况、预报、影响与对策建议等内容,如无实况也可不考虑。

(4)题目要醒目且切中主题,文字要言简意赅、通顺流畅,材料内容要包含关键信息,要体现服务价值。

附录 E 竞赛大纲

E.1 综合业务理论

1.竞赛内容

主要考查习近平总书记对气象工作的重要指示精神;推进党建与业务深度融合措施;气象业务发展政策规划;气象防灾减灾、气象为农服务、气象风险预警和人工影响天气;天气学基础及新一代天气雷达、卫星气象、预报预警规定及标准;综合观测基础、观测自动化及技术规定、数据格式及质量控制、质量管理体系、探测环境保护;法律法规及规章制度。参考范围详见表E.1 所示。

表 E.1 综合业务理论考试范围

序号	竞赛内容	比例	考试范围
1	重要指示精神	1%	习近平总书记对气象工作的重要指示精神
2	推进党建与业务深度融合措施	1%	1.中共中国气象局党组关于以政治建设为统领加强气象部门党的建设的行动计划(中气党发〔2019〕68 号) 2.进一步推进新形势下党建和业务深度融合的若干措施(中气党发〔2020〕35 号)
3	气象业务发展政策规划	3%	1.中国气象局关于推进气象业务技术体制重点改革的意见(气发〔2020〕1 号) 2.研究型业务试点建设指导意见(中气函〔2019〕82 号) 3.综合气象观测业务发展规划(2016—2020 年)(气发〔2017〕10 号) 4.卫星遥感综合应用体系建设指导意见(气发〔2017〕42 号) 5.气象观测技术试验指南(2020—2025 年)(气测函〔2020〕21 号)
4	气象防灾减灾	5%	1.气象灾害防御条例(2017 年修订) 2.国家气象灾害应急预案(气象部门相关职责) 3.全国气象灾情收集上报技术规范(气减函〔2018〕60 号) 4.全国气象灾情收集上报调查和评估规定(气减函〔2018〕60 号) 5.中国气象局关于加强气象防灾减灾救灾工作的意见(气发〔2017〕89 号)
5	气象为农服务	4%	1.现代农业气象服务示范县创建标准(试行)(气发〔2013〕45 号) 2.直通式服务基本要求(气减函〔2018〕9 号)

序号	竞赛内容	比例	考试范围
6	气象风险预警	5%	1. 暴雨诱发山洪灾害气象预警业务规范(暂行)(气减函〔2015〕85号) 2. 暴雨诱发中小河流洪水气象风险预警业务规范(暂行)(气减函〔2016〕65号) 3. 暴雨诱发地质灾害气象风险预警业务规范(气减函〔2016〕65号) 4. 基层气象灾害预警服务规范(气减函〔2018〕36号) 5. 基层气象灾害预警服务能力建设指南(气减函〔2018〕36号) 6. 江河流域面雨量等级(GB/T 20486－2017)
7	人工影响天气	5%	1. 人工影响天气管理条例(国务院令第348号,国务院令2020年726号部分内容修订) 2. 人工影响天气安全管理规定(气发〔2003〕56号) 3. 人工影响天气安全增雨防雹火箭作业系统安全操作要求(QX/T 99－2019) 4. 高炮人工防雹增雨业务规范(试行) 5. 地面人工影响天气作业安全管理要求(QX/T 297－2015) 6. 人工防雹作业预警响应(GB/T 34292－2017) 7. 人工防雹作业预警等级(GB/T 34304－2017)
8	天气学基础	9%	天气学基本概念及预报基础理论,试题内容包括:不同尺度大气运动的基本特征;天气图识别基础,气团、锋面、高空槽、切变线、辐合线等天气、次天气尺度系统的基本概念和分析;天气形势及要素预报;暴雨(雪)、雷暴和强对流、热带气旋及其外围风雨、局地灾害性天气的成因和预报思路 参考书目包括: 1. 朱乾根,等,2010.天气学原理与方法(第四版).北京:气象出版社.竞赛内容:第1章第3节,第2章,第5章第1、2节,第7章第1~2节,第9章第8节 2. 寿绍文,等,2016.天气学分析(第二版).北京:气象出版社.竞赛内容:第1章,附录1、2,天气图识别基础
9	新一代天气雷达	8%	掌握新一代天气雷达的业务应用,试题内容包括:新一代天气雷达概况;雷达基本探测原理、多普勒天气雷达图像识别基础;雷暴数据质量控制;对流风暴及其雷达回波特征;灾害性对流天气的探测与预警 参考书目: 俞小鼎,等,2010.多普勒天气雷达原理与业务应用.北京:气象出版社.竞赛内容:第一章至第六章
10	卫星气象	3%	掌握卫星图像在天气分析预报中的应用和生态文明建设气象保障服务中,试题内容包括:气象卫星探测基本原理;各观测通道(主要是红外和可见光)卫星图像的特征和典型应用;卫星图像上的云与云系及其相关天气系统识别;云图上的对流云识别;城市热岛和火情监测 参考书目: 1. 陈渭民.2017.卫星气象学(第三版).北京:气象出版社.竞赛内容:第2章第3节,第5章第1—4节,第6章第1—6节,第7章第2节,第8章,第9章第3、4、7、8节,第10章第1、2、5节 2. 城市热岛卫星遥感监测评估技术导则(试行)(气测函〔2019〕103号) 3. 火情卫星遥感监测业务技术导则(试行)(气测函〔2019〕157号)

续表

序号	竞赛内容	比例	考试范围
11	预报预警规定及标准	5%	1. 短时临近天气业务规定(气办发〔2017〕32号) 2. 气象灾害预警信号发布与传播办法(中国气象局令第16号) 3. 基层气象台站突发气象灾害临近预警服务业务基本要求(气预函〔2016〕31号)
12	综合观测基础	16%	大气探测学、大气物理学、大气化学等基础知识;综合气象观测基础理论 参考书目: 1. 张霭琛,2014. 现代气象观测(第2版). 北京:北京大学出版社. 竞赛内容:第1章至第8章 2. 盛裴轩,毛节泰,李建国,等,2003. 大气物理学(第二版). 北京:北京大学出版社. 竞赛内容:第2章至第6章、第9章、第15章、第16章和第17章 3. 地面气象观测规范,2003. 北京:气象出版社 4. 常规高空气象观测业务规范,2010. 北京:气象出版社. 竞赛内容:第1章至第10章 5. 酸雨观测规范(GB/T 19117—2017) 6. 自动土壤水分观测规范(试行)(气测函〔2010〕170号) 7. 大气成分观测业务规范(试行)(气测函〔2012〕61号) 8. 新一代天气雷达观测规定(第二版)(气测函〔2018〕171号) 9. 风廓线雷达观测规定(试行)(气测函〔2011〕223号) 10. 全球定位系统气象观测(GPS_MET)站观测规范(试行)(气测函〔2010〕350号) 11. 光电式数字日照计观测规范(试行)(气测函〔2018〕109号) 12. 农业气象观测规范(上卷) 13. 地面气象自动观测规范(第一版),2020. 北京:气象出版社 14. 唐孝炎,等,2006. 大气环境化学(第二版). 北京:高等教育出版社. 竞赛内容:第2章
13	观测自动化及技术规定	15%	业务技术规定、软件操作、观测仪器设备工作原理和维护知识: 1. 全国地面气象观测自动化改革业务运行方案(中气函〔2020〕42号) 2. 地面气象应急观测管理办法(中气函〔2020〕42号) 3. 中国气象局气象探测中心,2016. 地面气象观测业务技术规定实用手册. 北京:气象出版社 4. 中国气象局气象探测中心,2016. 新型自动气象站实用手册. 北京:气象出版社 5. 中国气象局气象探测中心,2020. 地面综合观测业务软件技术手册. 北京:气象出版社 6. 地面气象观测数据对象字典,2020. 北京:气象出版社 7. 高空气象观测涉氢业务设施建设技术规定(气测函〔2020〕40号) 8. 天气现象视频智能观测仪技术要求(试行)(气测函〔2019〕49号)
14	数据格式及质量控制	9%	1. 气象观测资料质量控制 地面气象辐射(QX/T 117—2020) 2. 气象观测资料质量控制 地面(QX/T 118—2020) 3. 无线电探空资料质量控制(QX/T 123—2011) 4. 地面气象资料实时统计处理业务规定(2017版)(气预函(2017)32号) 5. 气象辐射资料实时统计处理业务规定(气预函〔2016〕37号) 6. 高空气象资料实时统计处理业务规定(气预函〔2016〕37号)
15	质量管理体系	2%	1. 质量管理体系 基础和术语(GB/T 19000—2016) 2. 质量管理体系 要求(GB/T 19001—2016) 3. 气象观测质量管理体系业务运行规定(气测函〔2019〕143号)

序号	竞赛内容	比例	考试范围
16	探测环境保护	4%	1.气象设施和气象探测环境保护条例(国务院令第 623 号) 2.气象探测环境保护规范 地面气象观测站(GB 31221－2014) 3.气象探测环境保护规范 高空气象观测站(GB 31222－2014) 4.气象探测环境保护规范 天气雷达站(GB 31223－2014) 5.气象探测环境保护规范 大气本底站(GB 31224－2014) 6.新建扩建改建建设工程避免危害气象探测环境行政许可管理办法(中国气象局令第 35 号) 7.气象台站迁建行政许可管理办法(中国气象局令第 35 号) 8.气象观测站新建迁移和撤销管理规定(气发〔2020〕50 号) 9.观测司关于印发新建扩建改建建设工程避免危害气象探测环境行政许可管理办法和气象台站迁建行政许可管理办法的服务指南和工作细则的通知(含附件)(气测函〔2016〕132 号)
17	法律法规及规章制度	5%	1.中华人民共和国气象法(2016 年第三次修订) 2.气象预报发布与传播管理办法(中国气象局令第 26 号) 3.气象信息服务管理办法(中国气象局令第 35 号) 4.气象专用技术装备使用许可管理办法(中国气象局令第 35 号) 5.气象观测业务运行准入和退出管理办法(气测函〔2017〕188 号) 6.气象观测业务质量综合考核特殊情况处置办法(气测函〔2018〕11 号) 7.气象观测业务事故分级和认定管理办法(试行)(气发〔2015〕97 号)

2.竞赛形式

机考,闭卷考试,满分 150 分,考试时间 120 分钟。

试题类型:单项选择题、多项选择题、判断题(表 E.2),多选题少选或多选均不得分。

表 E.2　综合业务理论试题类型及评分标准

题型	数量(个)	每题分值(分)	总分值(分)
单项选择题	100	0.4	40
多项选择题	100	0.8	80
判断题	100	0.3	30
—	300	—	150

3.考试系统操作说明

选手使用"综合气象业务基础理论考试系统"进行基础理论考试,该系统竞赛前已在考试用计算机上安装。考生考试时按照以下流程操作,禁止修改、删除计算机上设置和文件。

(1)软件启动

考生入座后,双击计算机桌面上"综合气象业务基础理论考试系统"快捷方式图标,启动软件,若系统弹出"用户账号控制"对话框,点击"是"按钮即可。

(2)软件登陆

启动软件后,进入登录界面(图 E.1),在"账号"对话框里输入考生考号,在"密码"框中输入监考老师现场给出的密码,点击"登录"按钮后登入考试系统,显示为考试等待界面,到达统一开考时间后自动进行答题界面；如选手不能登录，请检查登录信息填写是否正确，并及时向现场监考老师提出。

图 E.1 登陆和等待考试窗口

（3）答题操作

基础理论考试系统软件答题界面（图 E.2）分为基本信息区、试题区和答题状态区。

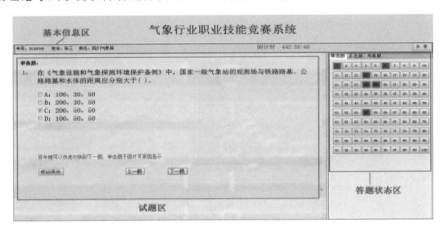

图 E.2 软件主页面

a）基本信息区

基本信息区在界面上侧，包括：考生的考号、姓名、单位信息，考试倒计时信息等信息和交卷按钮。考生通过基本信息区可查看个人信息和考试剩余时间，以及手动交卷。

b）试题区

试题区位于界面左侧，包括：试题内容、切换按钮和标记按钮等。①在试题区，考生通过点击选项方框来选定或取消答案，答题状态在答题状态区显示。②试题中出现图片或视频内容时（如图 E.3、图 E.4），鼠标单击图片或视频可放大查看。③当某题无法确定答案时，可点击"标记开关"按钮对该试题进行标记，标记状态显示在答题状态区，再次点击该按钮取消标记。④点击"上一题""下一题"按钮或答题状态区对应的题号，进行试题切换；连续做题时，当操作焦点在试题显示界面内时，敲击键盘上"回车键"快速切换到下一题。

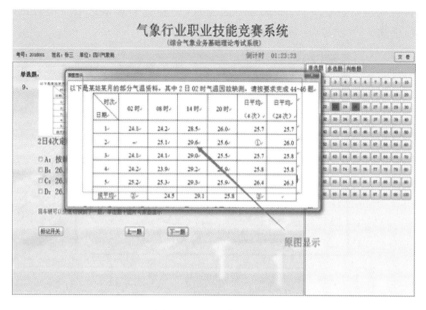

图 E.3　图片放大窗口

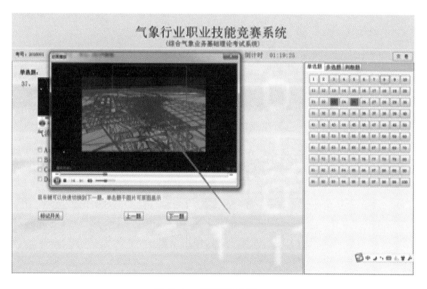

图 E.4　视频播放窗口

c)答题状态区答题状态区位于界面右侧,包括:单选题、多选题和判断题三个切换页,每个切换页包含该类试题的所有题号按钮。①点击某题号按钮时,试题区切换到对应题号的试题。②题号按钮颜色随答题状态改变:试题未答为灰色、试题已答为绿色、试题被标记为红色(图E.5)。

(4)答案提交

考试时间剩余30分钟、5分钟、1分钟时,软件系统右下角以浮动窗口方式分别给出提醒(如图E.6)。当考试时间结束时,软件系统自动禁止答题、弹出退出提示窗口,考生答题结果由软件系统自动提交。考生如要提前交卷,可点击基本信息区的"交卷"按钮,系统弹出"是否

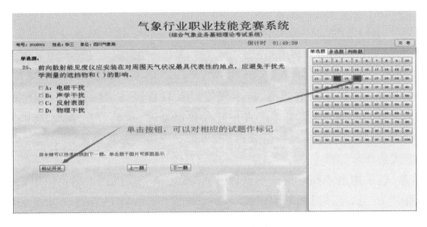

图 E.5　题号背景颜色

确认提交"对话框,点击确认后,提交答题结果并自动退出软件系统(如图 E.7)。

考生交卷后,不可再次登录答题,待现场监考老师确认后,方可离开考场。

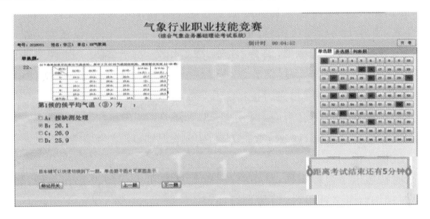

图 E.6　计时提醒窗口

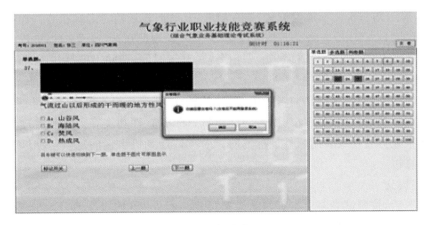

图 E.7　提交窗口

E.2 应急气象观测

1.竞赛内容

考查应急气象观测相关业务规范、技术规定以及软件操作,包括地面综合观测业务软件(ISOS)的安装及参数设置、模拟实时观测并进行数据处理、观测数据录入、维护及质量控制、气象报文编发、观测数据及台站元数据分析、云和天气现象应急观测等。

2.竞赛形式及评分标准

(1)闭卷考试,采用电子和纸质试卷两种方式,纸质试卷仅供选手浏览使用,在纸质试卷上答题无效。满分75分,考试时间60分钟。

(2)数据处理及软件操作以国家基本气象站的方式为准。竞赛用软件为ISOS(Ver3.0.2.330),可从国家气象业务内网下载。

(3)评分标准和试题题型

参赛选手用考场统一提供的电脑完成规定的操作,操作完毕之后将答案存放在试卷(或考试说明)要求的目录下,评卷时以参赛队员提交的电子答题卡以及数据文件为准。

a)参数设置:满分10分,按项扣分,每错、漏1项扣0.1~0.3分(以试卷为准,下同);

b)自动观测系统实时运行模拟:满分10分,按项扣分,每错、漏1项扣0.5~1分;

c)数据维护处理和重要天气报:满分25分,每少1项,扣3.0分,数据文件中数据维护每错、漏1个要素扣0.2~0.5分,扣完为止;

d)应急气象观测业务应用客观题,14分,题型为单选、多选和判断;

e)云和天气现象应急观测,16分,考查方式为看图识别,题型为填空。

3.考试系统操作说明

选手考试时按照以下流程操作,禁止修改、删除计算机上任何设置和文件;如考试中出现异常,应及时向现场监考老师报告,请勿自行处理。

(1)试题检查

选手进入考场后,按考号入座,打开考试计算机,待操作系统启动完成后,检查输入法、WinRAR和常用办公软件等是否正常,如有异常,及时向现场监考老师报告。检查完毕后,打开指定路径(如"D:\"),检查路径下是否包含"应急气象观测试题.rar"文件,如没有该文件,请及时向现场监考老师报告。检查完毕后,等待统一开考时间,期间不准打开压缩包。

(2)答题操作

当考试时间开始后,考生用监考老师下发密码解压试卷及相关数据,然后根据试卷要求答题。竞赛过程中只能使用考试统一配备的计算机、ISOS软件和文字处理软件进行操作,不得使用其他测报业务软件或自制软件进行辅助。如考试计算机出现问题,可及时联系监考老师启用备份计算机。

(3)答案提交

答题完毕后,按照试卷要求将答题结果拷贝到目标路径(如"E:\")下。选手在答题时注意预留足够时间完成"答案提交"操作步骤,一定在考试时间结束前将答题拷贝到指定路径。

E.3　装备技术保障

1.竞赛设备

赛场提供 40 套竞赛设备,其中 36 套供竞赛使用,4 套留作备用。每套竞赛设备包含新型自动站(DZZ4 和 DZZ5 型各 20 套)、DPZ1 型综合集成硬件控制器、DFC1 型、DFC2 型光电式数字日照计和 DSG1、DSG5 型降水现象仪以及专用计算机。观测要素包括:气温、湿度、气压、风速、风向、降水量、日照、降水天气现象。

竞赛现场的竞赛系统包括:硬件设备、软件系统和工具,详见表 E.3。

表 E.3　竞赛系统设备配置清单

设备名称	配置(DZZ4 型)	配置(DZZ5 型)
竞赛系统设备		
综合集成硬件控制器	DPZ1	
自动站机箱	DZZ4	DZZ5
主采集器	WUSH-BH	HY3000
温湿度分采	WUSH-BTH	HY1101
温度传感器	WUSH-TW100	HYA-T
湿度传感器	DHC2	HYHMP155A
气压传感器	DYC1	HYPTB210
风向传感器	ZQZ-TF	EL15-2C
风速传感器	ZQZ-TF	EL15-1C
雨量传感器	SL3-1	SL3-1
光电式数字日照计	DFC1	DFC2
降水现象仪	DSG1	DSG5
交流电源适配器	品恒 HG90A12005000	
风横臂、温湿度支架、风横臂支架、电池、线扣、电缆若干、光纤尾纤		
工具箱		
万用表(优利德 UT39C)、指南针、水平尺、尖嘴钳 扳手、一字螺丝刀、十字螺丝刀、内六角扳手		

(1)硬件设备包括:新型自动气象站、综合集成硬件控制器、光电式数字日照计、降水现象仪和竞赛专用计算机等。硬件设备的使用说明详见《技术保障设备用户手册》。

(2)软件系统包括:台站地面综合观测业务软件(ISOS Ver3.0.2.330)和串口调试软件。考生可使用竞赛专用计算机上已安装 ISOS 软件和串口调试软件完成观测设备现场操作。竞赛专用计算机安装的串口调试软件界面见图 E.8。

(3)竞赛用工具包括:万用表、指南针、扳手等常用工具。

(4)竞赛系统组成结构

自动气象站包括:气压传感器、风向传感器、风速传感器、翻斗雨量传感器和通过温湿度分采集器接入的温度和湿度传感器。综合集成硬件控制器包括:通信控制模块(含 8 个串口传输

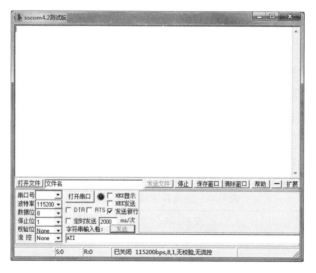

图 E.8　串口调试软件界面

模块）、光电转换模块（光猫）。

2.竞赛内容

观测设备的拆解与安装、调试、故障诊断等。

（1）观测设备拆装

使用给定的设备，完成拆装与检查。包括：传感器接线、传感器与采集器或综合集成控制器接线、综合集成硬件控制器的连接、供电系统接线等。

要求正确完成观测设备拆装，操作规范，各类接线检查准确，完成安装后操作台整洁美观。

（2）观测设备调试

使用台站地面综合观测业务软件或串口测试软件完成观测设备现场调试。包括：传感器、采集器相关参数读取和设置，光电式数字日照计的应用与维护，降水现象仪的应用与维护，综合集成硬件控制器设置与维护等。

要求正确完成观测设备调试、测试软件读取和配置等操作，能够正常读取观测数据。

（3）观测设备故障诊断

使用提供的工具对预先设置的自动气象站一种或几种故障进行故障诊断。

要求正确使用工具，判断故障具体位置，分析故障原因，更换相应备件后排除故障。

3.竞赛形式和评分标准

（1）现场闭卷考试和实际操作相结合，满分 100 分。考生使用机房提供的计算机完成竞赛。每名选手由 1 名裁判对其现场操作过程评分并计时，根据考生提交试卷和现场操作进行评分，具体评分标准以竞赛裁判手册为准。分数相同时，操作完成时间短的排名在前，但不影响个人全能排名和团体排名。

（2）分 3 组每组 36 人同时进行竞赛，每人 1 台设备，每组竞赛时间 30 分钟，两组竞赛之间 15 分钟为设备调校准备时间，竞赛结束后，选手不得再接触竞赛设备。

（3）所有参赛选手需提前半小时进入候考区备考，上交电子通讯设备，并统一抽取参赛顺序和参赛设备。参赛组别由Ⅰ、Ⅱ、Ⅲ表示；参赛设备由 A、B 表示，A 代表 DZZ4 型，B 代表

DZZ5 型;设备编号由 1、2、3…17、18 表示。参赛选手抽签后,向监考人员展示,监考人员纪录(举例:某选手抽到ⅡB11,表示该选手第二组参赛,参赛设备为 DZZ5 型,对应的设备编号为 11 号)。考生中途不得离开,如需中途离开,需经工作人员批准,并由监考人员随行监督。

E.4 监测预警服务

考查对强对流天气特点掌握程度,运用业务理论知识开展强对流天气监测、临近预报预警与服务的能力。

1.竞赛内容

参赛选手在赛场提供的计算机上通过对一个强对流天气历史个例的分析,结合大气环流背景和 S 波段新一代天气雷达产品特征,综合分析指定的县(区、市)域范围内未来的强对流天气并发布相应的气象灾害预警信号;撰写决策气象服务材料,内容可包括实况、预报、可能产生的影响和对策建议等,报送监测预警所在地政府。

各代表队竞赛题目均为 1 个强对流天气历史个例。预报个例采用真实时间地点,各省题目均不考本省或本区域的强对流天气过程(行业单位代表队按所在省份进行区分)。

(1)试题所用天气背景资料包括:

a)监测预警起始时刻前 1 小时至监测预警结束时刻时段内的雷达产品数据,以 *.zip 压缩包形式提供,考生需要使用 PUP 软件调用。请提前熟悉 PUP 软件操作,包括产品资料路径设置及地图文件设置;

b)起始时刻前 3 小时内逐小时的红外云图;

c)起始时刻前最近时间的 200 hPa、500 hPa、700 hPa、850 hPa、925 hPa 和地面图,经过订正的 T-LnP 图,地面观测资料提供逐小时的国家级加密站资料。

(2)强对流天气监测预警历史个例分析的监测分析部分试题类型为判断题。根据提供的观测资料判断是否会出现表格中列出的灾害性强对流天气,答案填写在相应的表格中,无需填写判断理由。

(3)强对流天气监测预警历史个例分析的预警信号文字撰写部分重点考查预警发布(变更)时间、预警信号种类和等级等。考试提供预警信号发布用语模板。文件依据主要有《气象灾害预警信号发布与传播办法》(中国气象局 16 号令)和《气象灾害预警信号发布业务规定》(气发〔2008〕476 号),为简化考试,此次模拟预警信号发布在所依据文件的基础上做了一些调整,请特别注意,参见表 E.4、表 E.5 所示:

a)预警发布未来 2 小时内的天气,预警信号不得在雷达上还未出现强对流天气特征信号前发布;

b)预警信号发布 2 小时后自动撤销,2 小时后预警维持或升级,需再次发布;

c)发布雷暴大风、冰雹、短时强降水预警信号,不发布雷电预警信号;

d)冰雹预警信号等级只设一档(红色),雷暴大风和短时强降水预警信号等级只设两档(蓝色和红色),根据表 E.5 和表 E.6 标准发布;

e)当不同种类的灾害性天气同时出现时,选最可能致灾的天气发布,其他灾害性天气也必须在所发布的预警信息中提及,当雷暴大风和短时强降水均可能致灾时,可以发布雷雨大风预警。

表 E.4　冰雹预警等级标准

灾害性天气类型	红色
冰雹	2 小时内有直径 2 cm 以上的冰雹

表 E.5　短时强降水、雷暴大风预警等级标准

灾害性天气类型	蓝色	红色
短时强降水	2 小时内将出现 1 小时 20～40 mm 降水	2 小时内将出现 1 小时 40 mm 以上降水
雷暴大风	2 小时内阵风可达 8～10 级	2 小时内,阵风可达 10 级以上

2.竞赛形式和评分标准

本科目考试提供电子版和纸质版试卷各一份,考生最终提交电子文档,闭卷考试。满分 75 分,考试时间 60 分钟,参见表 E.6 所示。

表 E.6　监测预警服务试题类型及评分标准

试题类型		分值(分)
强对流天气监测预警历史个例分析	监测分析	20
	预警材料撰写	20
决策气象服务材料		35
总分		75

3.考试系统操作说明

(1)试题检查

考生进入考场后,检查竞赛专用计算机中雷达产品显示软件、办公软件、PDF 阅读器、压缩软件和输入法是否齐全,检查计算机 D 盘根目录下"强对流天气监测预警与服务试题.rar"文件是否存在,如有异常,应及时向现场监考老师报告。

(2)答题操作

考试开始后,选手按照监考老师现场要求解压"强对流天气监测预警与服务试题.rar"文件,并根据试卷要求答题。

(3)答案提交

选手答题完毕后,按照试卷要求将答题结果拷贝至计算机 E 盘根目录下。

如选手在考试结束前未能按要求将答题结果拷贝到指定路径,应及时向现场监考老师报告,由监考老师现场监督完成答题结果提交,并按照规定酌情扣分。

注:本竞赛大纲以"第四届全国气象行业县级综合气象业务职业技能竞赛实施方案"为参考。

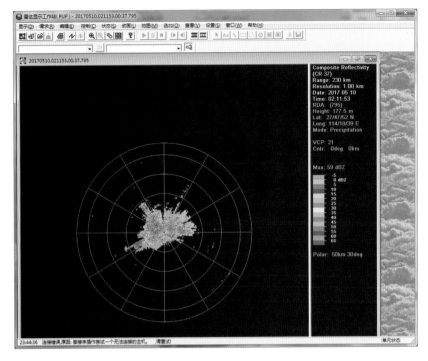

图 6.6 雷达图打开

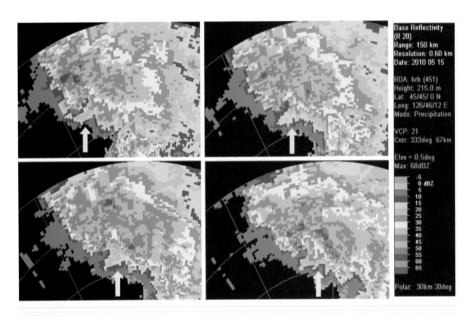

图 6.19 基本反射率强度图(产品 20)

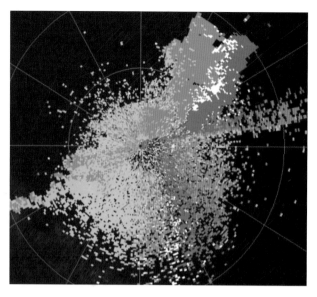

图 6.20　基本速度图

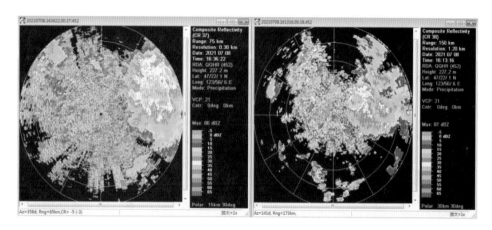

图 6.21　组合反射率图

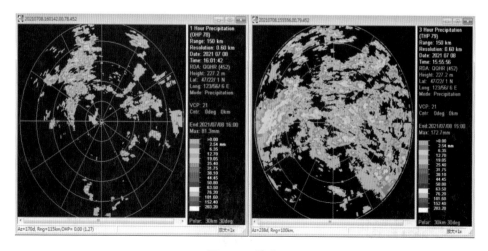

图 6.22　降水

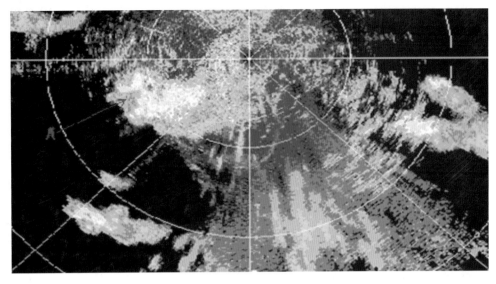

图 8.2 反射率因子回波图

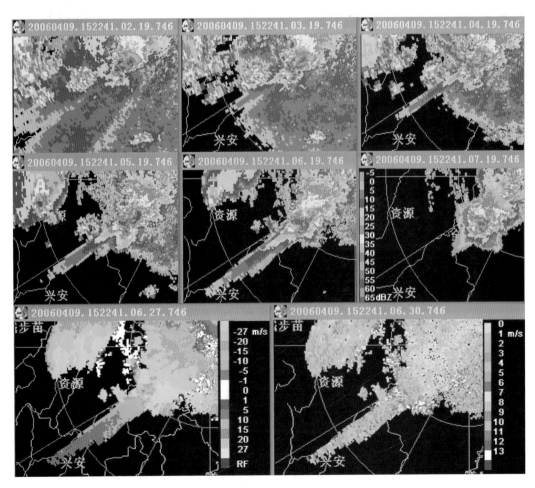

图 8.3 三体散射雷达图

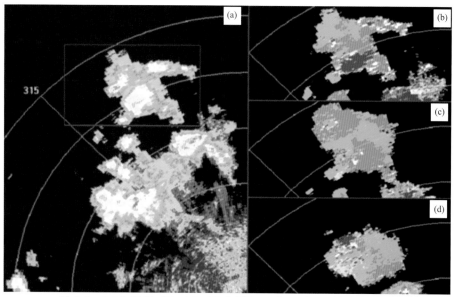

图 8.5 (a)为强度,(b)、(c)、(d)分别为 1.0°、3.0°、5.0°仰角的速度

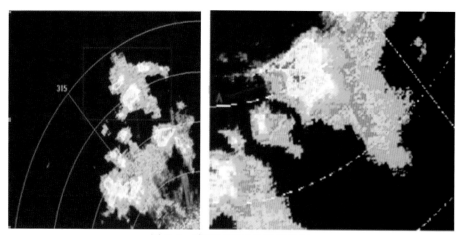

图 8.6 冰雹云的有界弱回波图

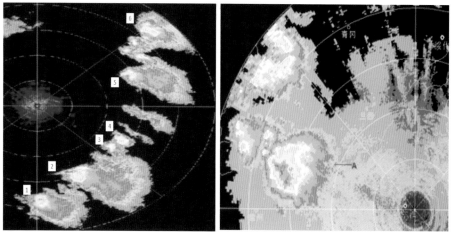

图 8.7 冰雹云的雷达回波强度

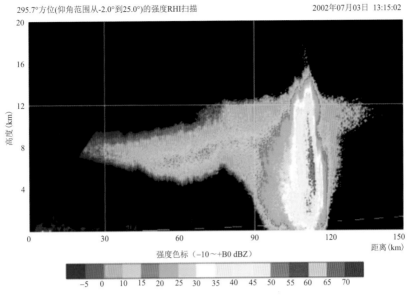

295.7°方位(仰角范围从-2.0°到25.0°)的强度RHI扫描　　　　　2002年07月03日 13:15:02

图 8.8　冰雹云的雷达回波高度

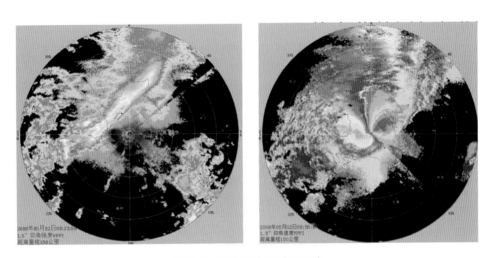

图 8.9　混合云降雹雷达回波

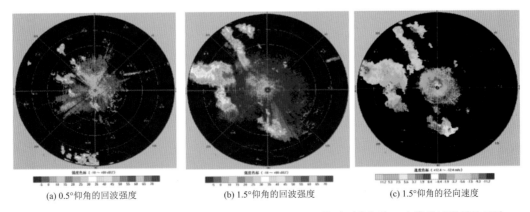

(a) 0.5°仰角的回波强度　　　　　(b) 1.5°仰角的回波强度　　　　　(c) 1.5°仰角的径向速度

图 8.10　2002 年 8 月 14 日(a)19:23、(b)19:43、(c)19:43 涡后西北气流一次降雹过程雷达回波

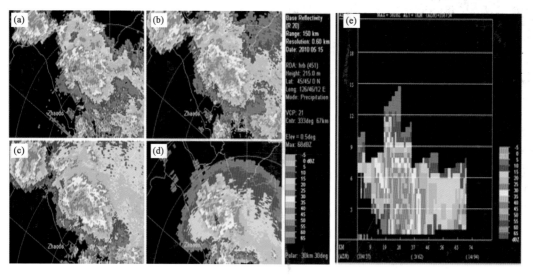

图 8.11　钩状回波特征图钩状回波(a～d)2010 年 5 月 15 日,17:46　0.5°、1.5°、2.4°、6.0°仰角;
(e)18:26 有界弱回波垂直剖面图

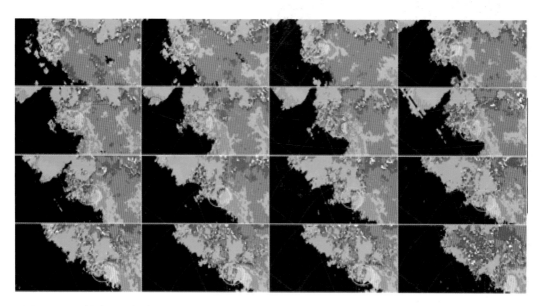

图 8.12　风暴中的中气旋结构(1.5°仰角,对应时间从左至右,从上至下分别为 17:35、17:41、17:46、
17:52、17:58、18:03、18:09、18:15、18:20、18:26、18:32、18:38、18:43、18:49、18:55、19:06)

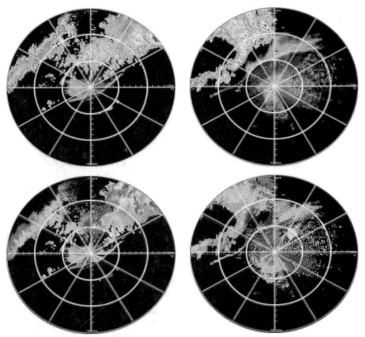

加格达奇雷达出流边界(14:13—16:51)　　黑河雷达出流边界(16:30—19:25)
出流边界长度：＞150 km　　　　　　　　出流边界长度：＞250 km
边界维持时间：超过150 min　　　　　　　边界维持时间：超过180 min
地面最大径向速度：＞22 m/s　　　　　　　地面最大径向速度：＞35 m/s

图 8.13　雷暴大风图

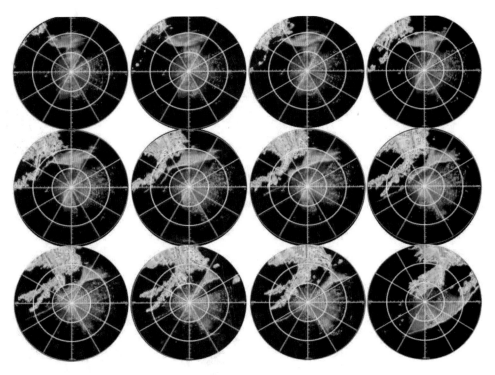

图 8.14　飑线演变过程图(时间从左至右，从上至下 15:34、16:06、16:18、16:30、16:42、
　　　　17:00、17:12、17:24、17:36、17:48、18:00、18:43)

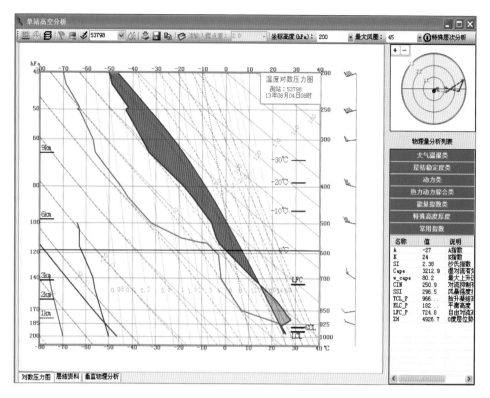

图 9.1　*T*-ln*p* 图（红色温度层结曲线，绿色露点层结曲线，蓝色状态曲线）

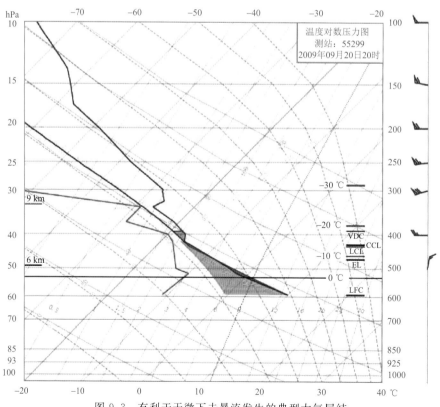

图 9.3　有利于干微下击暴流发生的典型大气层结

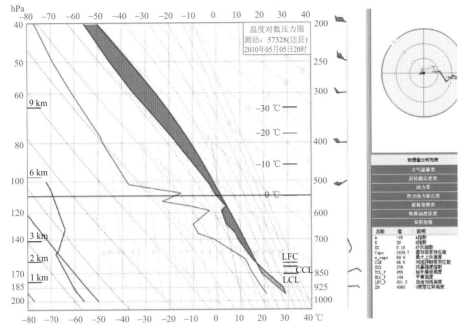

图 9.5　有利于产生雷暴大风的大气层结

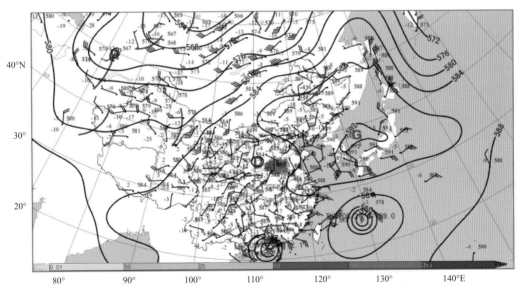

图 10.1　河南郑州"7.20"特大暴雨 500 hPa 环流形势

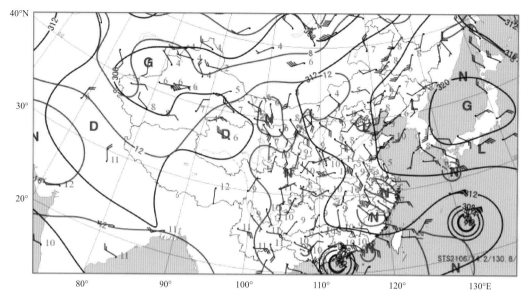

图 10.2 河南郑州"7.20"特大暴雨 700 hPa 环流形势

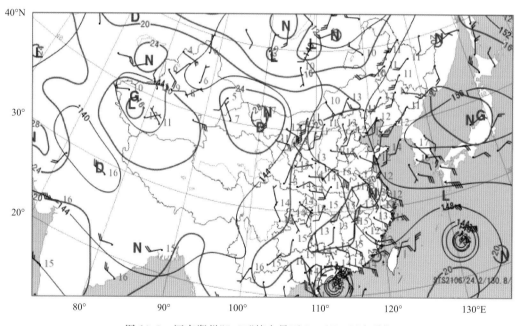

图 10.3 河南郑州"7.20"特大暴雨 850 hPa 环流形势

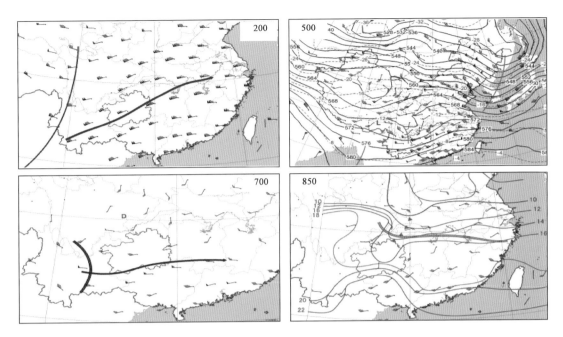

图 10.5　贵州"3.30"冰雹天气高空配置

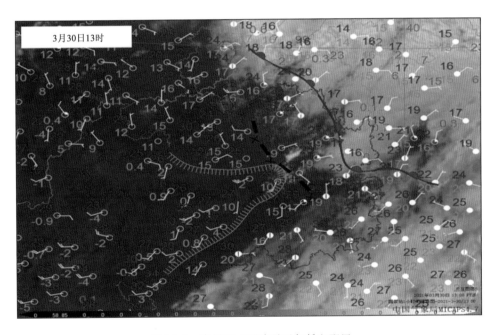

图 10.6　贵州"3.30"冰雹天气低空配置

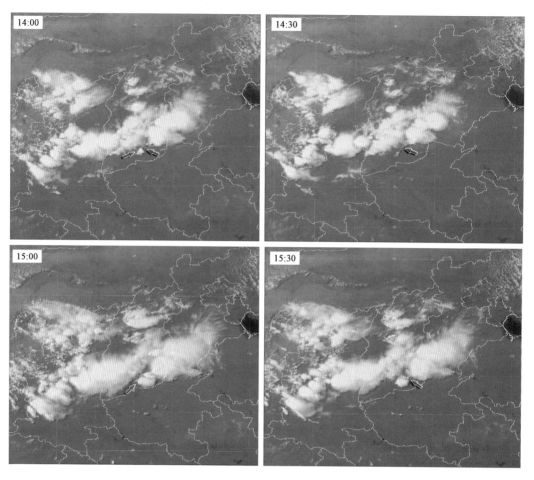

图 11.1 雷暴大风云团逐半小时演变

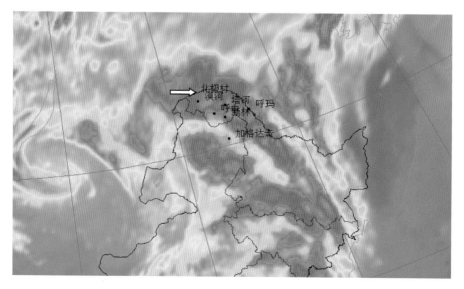

图 11.2 2021 年 6 月 15 日大兴安岭地区暴雨云团红外云图